编委会

高等学校“十四五”规划酒店管理与数字化运营专业新形态系列教材

高等学校“十四五”规划酒店管理与数字化运营专业新形态系列教材

总主编◎周春林

咖啡制作与品鉴

KAFEI ZHIZUO
YU PINJIAN

主　编　罗伊玲　龚　捷　刘亚彬
顾　问　陈俊珩　班先海
副主编　董丹晔　李　艺　朱泽宇
　　　　胡　蕊　赵　静　杨　啸
　　　　陈　润
参　编　黄晓华

華中科技大學出版社
http://press.hust.edu.cn
中国·武汉

内容简介

目前，中国咖啡行业市场规模高速增长，咖啡市场亟需一批懂得品鉴咖啡、熟悉咖啡生产及销售，并且了解咖啡礼仪和文化的高素质咖啡师。本教材出版的目的正是应对市场的需求，针对酒店管理、旅游管理及烹饪营养等本专科学生以及行业从业人员建立起一套清晰明了的咖啡理论体系，并按照国家行业标注与梳理了各类咖啡出品的制作流程和原理。

纵观全书，以下几个特点值得强调。其一，本书按照咖啡从种子到杯子“一生”的变化编写教材各项目内容，便于读者分类掌握知识要点，有利于读者理清学习思路和掌握实操技能。其二，本书编写基于国家对高、中、初级咖啡师考核鉴定标准，以及咖啡评鉴师、烘焙师、咖啡收购及销售人员的从业标准，便于读者学习后顺利通过国家技能考试，填补市场空缺。

图书在版编目(CIP)数据

咖啡制作与品鉴/罗伊玲，龚捷，刘亚彬主编．—武汉：华中科技大学出版社，2023.4(2024.8重印)
ISBN 978-7-5680-9404-7

Ⅰ．①咖…　Ⅱ．①罗…　②龚…　③刘…　Ⅲ．①咖啡－配制　②咖啡－品鉴　Ⅳ．①TS273

中国国家版本馆CIP数据核字（2023）第065229号

咖啡制作与品鉴
Kafei Zhizuo yu Pinjian

罗伊玲　龚捷　刘亚彬　主编

策划编辑：李家乐
责任编辑：洪美员
封面设计：原色设计
责任校对：刘　竣
责任监印：周治超
出版发行：华中科技大学出版社(中国·武汉)　电话：(027)81321913
武汉市东湖新技术开发区华工科技园　邮编：430223
录　排：孙雅丽
印　刷：武汉市籍缘印刷厂
开　本：787mm×1092mm　1/16
印　张：12.5
字　数：303千字
版　次：2024年8月第1版第3次印刷
定　价：49.90元

教学相长，我们一起走在探索咖啡的道路上

▽

自古以来，人类一直在探索咖啡，从动物吃了它让人类发现咖啡神奇功效的传说，到探索它的烘焙方法，再到研究它的冲泡技术，咖啡的探索之路依然充满了未知性。咖啡行业在国内发展迅猛，投身于行业建设的佼佼者不断涌现，新的知识、新的观点、新的思路也在不断更新迭代。

《咖啡制作与品鉴》是一本以实训指导为主的教科书。本书旨在帮助学生掌握咖啡师的基本技能，以便他们能够通过理论知识与实操练习相结合的方式，做好未来的职业生涯规划，最终成为一名合格的咖啡师。

本书从咖啡的基本知识开始教学，涵盖从咖啡发展历史到产地介绍，从咖啡豆种植、采收到咖啡鲜果处理，从咖啡烘焙到咖啡制作等多个方面，为本专科院校学生提供了全面的咖啡基础知识。

更具意义的是，本书还收录了一些经典的咖啡制作技巧以及一些必备的咖啡品鉴技巧。从研磨到冲煮，从制作到呈递，从建立感官系统到为顾客进行感官描述，学生可以一步一步从中学习作为一名咖啡师的职业技能，从而能够为顾客提供更好的咖啡饮用体验。

本书还介绍了咖啡师的职业发展，包括如何提升自己的技能、如何制定职业规划、如何实现职业目标以及如何在咖啡行业中发展等。

本书由罗伊玲、龚捷、刘亚彬老师带领编撰团队历经将近200天的时间编撰完成。在编写过程中，编者们也在重新审视和更新所学的咖啡知识，这是一个相互进步、提升自我的过程，同时也督促着编者们保持学习，保持思考。

希望本书能够为咖啡行业的发展略尽绵力，希望中国的咖啡市场蓬勃发展，充满生机。

2021年，习近平总书记对全国职业教育工作作出重要指示，强调要加快构建现代职业教育体系，培养更多高素质技术技能人才、能工巧匠、大国工匠。同年，教育部对职业教育专业目录进行全面修订，并启动《职业教育专业目录(2021年)》专业简介和专业教学标准的研制工作。

新版专业目录中，高职“酒店管理”专业更名为“酒店管理与数字化运营”专业，更名意味着重大转型。我们必须围绕“数字化运营”的新要求，贯彻党中央、国务院关于加强和改进新形势下大中小学教材建设的意见，落实教育部《职业院校教材管理办法》，联合校社、校企、校校多方力量，依据行业需求和科技发展趋势，根据专业简介和教学标准，梳理酒店管理与数字化运营专业课程，更新课程内容和学习任务，加快立体化、新形态教材开发，服务于数字化、技能型社会建设。

教材体现国家意志和社会主义核心价值观，是解决培养什么样的人、如何培养人以及为谁培养人这一根本问题的重要载体，是教学的基本依据，是培养高质量优秀人才的基本保证。伴随我国高等旅游职业教育的蓬勃发展，教材建设取得了明显成果，教材种类大幅增加，教材质量不断提高，对促进高等旅游职业教育发展起到了积极作用。在2021年首届全国教材建设奖评审中，有400种职业教育与继续教育类教材获奖。其中，旅游大类获一等奖优秀教材3种、二等奖优秀教材11种，高职酒店类获奖教材有3种。当前，酒店职业教育教材同质化、散沙化和内容老化、低水平重复建设现象依然存在，难以适应现代技术、行业发展和教学改革的要求。

在信息化、数字化、智能化叠加的新时代，新形态高职酒店类教材的编写既是一项研究课题，也是一项迫切的现实任务。应根据酒店管理与数字化运营专业人才培养目标准确进行教材定位，按照应用导向、能力导向要求，优化设计教材内容结构，将工学结合、产教融合、科教融合和课程思政等理念融入教材，带入课堂。应面向多元化生源，研究酒店数字化运营的职业特点及人才培养的业务规格，突破传统教材框架，探索高职学生易于接受的学习模式和内容体系，编写体现新时代高职特色的专业教材。

我们清楚，行业中多数酒店数字化运营的应用范围仅限于前台和营销渠道，部分酒店应用了订单管理系统，但大量散落在各个部门的有关顾客和内部营运的信息数据没有得到有效分析，数字化应用呈现碎片化。高校中懂专业的数字化教师队伍和酒店里懂营运的高级技术人才是行业在数字化管理进程中的最大缺位，是推动酒店专业教育数字化转型面临的最大困难，这方面人才的培养是我们努力的方向。

酒店管理与数字化运营专业教材的编写是一项系统工程，涉及“三教”改革的多个层面，需要多领域高水平协同研发。华中科技大学出版社与南京旅游职业学院、广州市问途信息技术有限公司合作，在全国范围内精心组织编审、编写团队，线下召开酒店管理与数字化运营专业新形态系列教材编写研讨会，线上反复商讨每部教材的框架体例和项目内容，充分听取主编、参编老师和业界专家的意见，在此特向这些参与研讨、提供资料、推荐主编和承担编写任务的各位同仁表示衷心的感谢。

该系列教材力求体现现代酒店专业教育特点和“三教”改革的成果，突出酒店专业特色与数字化运营特点，遵循技术技能人才成长规律，坚持知识传授与技术技能培养并重，强化学生职业素养养成和专业技术积累，将专业精神、职业精神和工匠精神融入教材内容。

期待这套凝聚全国高职旅游院校多位优秀教师和行业精英智慧的教材，能够在培养我国酒店高素质、复合型技术技能人才方面发挥应有的作用，能够为酒店管理与数字化运营专业新形态系列教材协同建设和推广应用探出新路子。

全国旅游职业教育教学指导委员会副主任委员
南京旅游职业学院党委书记、教授周春林
2022年3月28日

随着中西方文化和消费习惯的融合，咖啡受到了越来越多中国消费者的喜爱，近年来中国咖啡行业市场规模高速增长，预计2023年中国咖啡行业市场规模将达到1806亿元。为了促进现磨咖啡行业的发展，近年来我国颁布了多项关于支持、鼓励、规范现磨咖啡行业的相关政策。随着国内咖啡市场快速发展，资本也正在蜂拥投向咖啡赛道，咖啡成为一种时尚，受到年轻人的热烈追捧，并且已被大众视为日常饮品。

虽然咖啡行业发展迅猛，但咖啡师缺口巨大，为避免因咖啡行业发展过快而导致行业人才良莠不齐，同时也为了给未来的中国咖啡市场提供一批懂得品评、鉴别咖啡，熟悉咖啡生产及销售，懂得咖啡礼仪和文化的高质量咖啡师，各大高校都开始关注高素质咖啡师的培养。本书的出版正是基于市场对大量高素质咖啡人才的需求，以及本专科院校专业课程的增设需求而编写。

本书旨在为学生以及行业从业人员建立起一个清晰明了的咖啡知识体系，并在此基础上，按照国家对于咖啡师的技能要求以及参考全球咖啡市场对于从业人员的能力要求，梳理了各类咖啡出品的制作实操流程和原理。通过图片及操作视频，让咖啡专业学生及咖啡从业人员能快速、准确地掌握咖啡的基础知识和制作与品鉴技能。本书也加入了大量实践案例，鼓励学生通过实操及创新，逐渐形成属于自己的，并且符合市场需要的咖啡师技能风格和咖啡厅管理技巧。本书每个项目配有项目描述、项目目标、知识导图、学习重点、学习难点及项目导入，课程结束时配有教学互动、项目小结及项目训练。授课者需要给予学生更多的实际操作空间，让学生在学与用中逐步掌握知识与提升技能。

本书主要具备以下几个方面的特点：

第一，将咖啡历史与文化放在教材首章，除了全球咖啡文化，更突出了中国咖啡产业的发展历史，为读者和学生树立中国咖啡产业繁荣发展的自信心与自豪感，鼓励读者和学生成为咖啡文化的传播者，并有效融入了思政内容。

第二，按照咖啡从种子到杯子"一生"的变化编写教材各项目内容。详细梳理了咖啡豆的品种、场地、种植等基础知识；介绍了咖啡豆的采摘、处理的详细程序；概述了咖啡烘焙的关键知识及操作技能;以及各类咖啡的详细制作流程。这样便于读者和学生分类掌握要点,有利于读者和学生厘清学习思路和掌握实操技能。同时,本书中关于咖啡操作技能和基础知识的编写基于目前国家对高、中、初级咖啡师考核鉴定标准,以及国际咖啡师、咖啡评鉴师的标准,从而保证了本专科学生及行业从业人员在学习本书知识后,能顺利通过国家技能考试,获得相应的行业资格认证。

第三,针对未来中国咖啡市场的人才需求,本书教学对象不仅仅限于职业咖啡师,还包括咖啡店长、咖啡烘焙师、咖啡豆售卖及收购人员、咖啡培训师、咖啡设备维护师等。因此,本书中加入了咖啡杯测的知识及流程、咖啡机的构造原理及操作技能、其他咖啡冲煮器具的知识及操作流程、咖啡烘焙机的构造及操作流程。

第四,按照咖啡店运营和咖啡出品要求,本书安排了教学互动和案例,配合项目练习,让读者和学生更牢固地掌握基础知识和咖啡师技能,为步入职业生涯做好充分准备。本书还补充了相关操作的图片和视频,以及行业最新知识点,帮助读者和学生掌握职业技能,了解和把握行业动态。

第五,本书的编者既有高校教师,又有咖啡行业精英。

本书由昆明学院旅游学院的罗伊玲副教授、龚捷老师、刘亚彬教授担任主编,其中,罗伊玲、龚捷主持全书编写及各项目的沟通协调与统稿,刘亚彬负责设计教材整体框架及校稿工作。还有董丹晔、李艺、朱泽宇、胡蕊、赵静、杨啸、陈润、黄晓华也参与了本书编写的部分工作。具体分工如下:罗伊玲、刘亚彬负责项目一;杨啸、赵静、罗伊玲负责项目二;李艺负责项目三和项目七;董丹晔负责项目四和附录;朱泽宇负责项目五;朱泽宇、龚捷负责项目六;胡蕊负责项目八;龚捷、陈润负责项目四;黄晓华负责部分资料整理工作。

在本书的编写过程中,编者参阅了国内外众多专家、学者们的著作和观点,因数量较多,不便一一列举,在此一并表示感谢!同时感谢本书特聘专家陈俊珩先生,以及云南财经大学班先海老师为本书提出的宝贵建议。另外,还要特别感谢出版社领导和编辑对本书的大力支持,使本书得以在计划时间内顺利出版。

本书力求让知识体系更科学合理,内容和案例与时代发展同步,让读者或学习者能够学以致用,并获得从事咖啡事业的灵感。由于编者水平有限,编写时间仓促,书中仍然存在诸多不足之处,敬请广大读者批评指正,提出宝贵的修改意见。

编　者

2023年3月

目录
MULU

Note

二维码资源目录

项目一
了解咖啡文化
——咖啡起源与咖啡文化传播

项目描述

“我不在家里,就在咖啡馆。不在咖啡馆,就在去咖啡馆的路上。”咖啡究竟有着怎样的魅力,让法国小说家巴尔扎克为之痴迷和沉醉呢?本项目将带你走进咖啡的世界,了解咖啡的历史与传播。

项目目标

知识目标

1.掌握咖啡的起源地。
2.理解咖啡的传播历史及路线。
3.了解中国咖啡市场的历史与现状。

能力目标

具备咖啡师的基础知识体系。

素质目标

1.熟悉我国对咖啡种植和咖啡贸易的扶持政策。
2.对未来的中国咖啡贸易充满信心,并树立咖啡师职业自信心。

知识导图

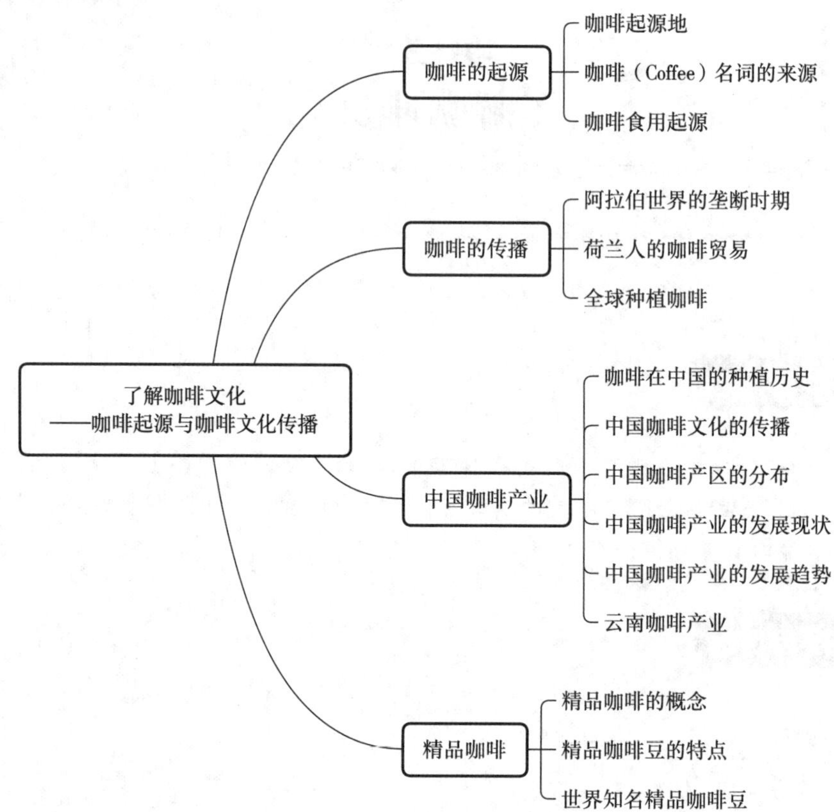

学习重点

1. 咖啡的起源与传播。
2. 中国咖啡市场的现状与发展趋势。

学习难点

1. 咖啡种植与文化的传播过程。
2. 精品咖啡的定义及特点。

项目导入

为什么咖啡会在欧洲盛行？

剖析：

17世纪出现的天才包括培根、哈维、开普勒、伽利略、笛卡儿、帕斯卡、洛克、斯宾诺莎、莱布尼茨……遍布英国、法国、意大利、荷兰……这些文学、哲学、物理、天文

学、数学、政治学、伦理学等领域的伟大天才共同的信念,就是自然秩序和理性。

咖啡在17世纪传入欧洲,可以说是适逢其时。咖啡馆是典型的布尔乔亚产物。它是城市的公共场所,与在宅第里大宴宾客的贵族划清界限;它的装潢考究、整洁有序,用书架、镜子、镀金框绘画和优质家具来装点,和大众灌啤酒的地方的简陋、吵闹等形成鲜明对比。咖啡的流行在很大程度上和新中产阶级兴起有关。教士和商人的日常工作是在室内动脑筋,他们不需要饮酒来解乏御寒,却需要提神;他们的钱不够在家里挥霍取乐,但可以每天在咖啡上花费一些。咖啡馆里不许骂人,更不许打架,很快就形成了罚出言不逊者买咖啡的不成文的规定。总之,咖啡馆是安静、清醒、有秩序的,是斯斯文文谈话和讨论的地方,恰恰迎合了需要脑力思考的人群,迅速被欧洲人接纳和喜爱。

任务一 咖啡的起源

一、咖啡起源地

"咖啡"(Coffee)一词源自阿拉伯语,意思是"植物饮料"。咖啡发源于非洲埃塞俄比亚南部高原地区的咖法省。据说一千多年以前,一位牧羊人发现羊吃了一种植物后,变得非常兴奋活泼,进而发现了咖啡。还有说法称是因野火偶然烧毁了一片咖啡林,烧烤咖啡的香味引起周围居民的注意。埃塞俄比亚利用咖啡的方式,最早是将整颗果实咀嚼,以吸取其汁液,后发展为将咖啡的果实磨碎,再把它与动物脂肪掺在一起揉捏,制成叫"粑纳克拉"(Bunakela)球状的丸子。这些土著部落的人将这些咖啡丸子当成珍贵的食物,专供那些即将出征的战士享用。

早期人们不了解咖啡食用后表现出亢奋的原因,只把这当成是咖啡食用者所表现出来的宗教狂热。人们认为这种饮料非常神秘,因此,咖啡成了牧师和医生的专用品。关于咖啡的起源,有种种不同的传说故事,较普遍且为大众所乐道的是牧羊人的故事。传说有一位牧羊人,在牧羊的时候,偶然发现他的羊蹦蹦跳跳,仔细一看,原来羊是吃了一种红色的果子才导致举止滑稽怪异。他试着采了一些这种红果子回去熬煮,没想到满室芳香,熬成的汁液喝下以后更是精神振奋、神清气爽。从此,这种果实就被制作成为一种提神醒脑的饮料,且颇受好评。

知识拓展

埃塞俄比亚

二、咖啡(Coffee)名词的来源

咖啡(Coffee)一词和它的发源地咖法省(Kaffa)有着密不可分的联系。同时,最早种植咖啡并把它作为饮料的是埃塞俄比亚的阿拉伯人,他们把它叫作"Qahwah"(植物饮料),这本来是阿拉伯人对"Kaffa"的称呼。不久,"Qahwah"一词随着咖啡传入了当时的奥斯曼帝国,也就是现在的土耳其,在土耳其语中这个发音变成了"Quhve"。随

后，咖啡通过土耳其传入欧洲。欧洲人按照自己的读音标准，改变了土耳其语的发音，在18世纪时，将咖啡定名为“Coffee”，流传至今。“咖啡”一词源自希腊语“Kaweh”，意思是“力量与热情”。

三、咖啡食用起源

咖啡出现的最早且最确切的时间是公元前8世纪，但是早在荷马的作品和许多古老的阿拉伯传说故事里，就已记述了一种神奇的、色黑、味苦且具有强烈刺激力量的饮料，被认为是对食用咖啡最早的记录。公元10世纪前后，阿维森纳(Avicenna，古代伊斯兰世界杰出的集大成者之一)则用咖啡当作药物治疗疾病。直到11世纪左右，人们才开始用水煮咖啡作为饮料。13世纪时，埃塞俄比亚军队将咖啡带到了阿拉伯半岛。因为伊斯兰教禁止教徒饮酒，有的宗教界人士认为这种饮料刺激神经，违反教义，曾一度禁止并关闭咖啡店，但埃及苏丹认为咖啡不违反教义，因而解禁，咖啡饮料迅速在阿拉伯地区流行开来。

知识拓展

▼

关于咖啡的两个传说

最初在埃塞俄比亚，当地人们习惯用咖啡的果实来煮汤喝，埃塞俄比亚至今不但保留着大量野生树种，甚至农户庭院里都种有咖啡树。在埃塞俄比亚，也保留着最原始的长颈壶煮咖啡的方式。埃塞俄比亚当地人也会直接将食用咖啡的果实和叶子磨碎，再把它与动物脂肪掺在一起揉捏，做成许多球状的丸子。由于咖啡担任着“兴奋剂”的作用，这些土著部落的人将这些咖啡丸子当成珍贵的食物，专供那些即将出征的战士享用，以增加战士的战意。但遗憾的是，Kaffa王国的士兵总打败仗被俘。这些俘虏身上的咖啡豆，也就传播到了非洲许多其他国家。如今，在Kaffa和Sidamo(西达摩)的某些地区仍然存在在酥油中加入咖啡粉的传统。同样地，在Kaffa，人们会在咖啡中添加了一点融化的黄油，使其更营养、更浓稠并增加风味(相似于西藏的酥油茶)。

知识拓展

▼

埃塞俄比亚传统咖啡制作

埃塞俄比亚的咖啡只有40%左右用于出口，其余更多的是被用于各种形式的仪式。例如：婚礼上，人们会制作咖啡豆与咖啡浆果以及黄油和盐一起熬成的粥；制作咖啡与蜂蜜以及各种草药混合而成的驱除霉运的药；制作咖啡树叶与咖啡混合制成的招待客人的茶。但最为重要的则是喝咖啡的仪式。在传统埃塞俄比亚家庭，一天之中会有2—3次的咖啡饮用时间，并有形形色色的饮用礼节或仪式(见图1-1)。

图1-1 埃塞俄比亚咖啡

古时候的阿拉伯人最早把咖啡豆晒干熬煮后的汁液当作胃药来喝，认为有助于消化。后来发现咖啡还有提神醒脑的作用，同时由于伊斯兰教严禁教徒饮酒，于是就用咖啡替代酒精饮料，作为提神的饮料而时常饮用。

任务二　咖啡的传播

西方人都熟知，咖啡有几百年的历史。然而在东方，咖啡在更久远前的年代就已经作为一种饮料在社会各阶层普及。

一、阿拉伯世界的垄断时期

15世纪以后，到麦加朝圣的人陆续将咖啡带回居住地，使咖啡渐渐流传到埃及、叙利亚、伊朗和土耳其等国。咖啡进入欧洲大陆当归因于当时的土耳其人建立的奥斯曼帝国，由于嗜饮咖啡的奥斯曼大军西征欧洲大陆且在当地驻扎数年之久，在大军最后撤离时，留下了包括咖啡豆在内的大批补给品，维也纳和巴黎的人们得以凭着这些咖啡豆，和从土耳其人那里得到的烹制经验，而发展出欧洲的咖啡文化。战争原是攻占和毁灭，却意外地带来了文化的交流融合，这是统治者们始料未及的。

但在公元15世纪以前，咖啡长期被阿拉伯世界所垄断，仅在伊斯兰国家间流传。当时主要被使用在医学和宗教上，医生和僧侣们认为咖啡具有提神、醒脑、健胃、强身、止血等功效。15世纪初，开始有文献记载咖啡的使用方式，并且在此时期咖啡融入宗教仪式中，同时咖啡也出现在民间作为日常饮品。因阿拉伯国家严禁饮酒，因此咖啡成为当时重要的社交饮品。

在16世纪末期，咖啡因旅行者和植物学家们关于一种陌生的植物和饮料的报道，慢慢从中东地区传到了欧洲。随着报道数量和出现频率的增加，欧洲的商人们开始意识到这种新商品的潜力。已经和中东地区有贸易往来的威尼斯商人率先抓住了这一机会，通过威尼斯商人和荷兰人的买卖辗转将咖啡传入欧洲。17世纪初，第一批咖啡豆从麦加运达威尼斯。对阿拉伯人来说，向威尼斯人提供咖啡豆是一笔利润相当可观的生意，因此他们精心经营这笔生意将近一个世纪。他们不遗余力地确保没有一颗仍能发芽的咖啡豆被带出去。所有出口的咖啡豆都被煮过或是烘干，不允许外人接近种植咖啡的庄园。16—17世纪，这种充满东方神秘色彩、口感馥郁、香气迷人的黑色饮料受到贵族士绅阶层的追捧，咖啡的身价也跟着水涨船高，甚至产生了“黑色金子”的称号。当时的贵族流行在特殊日子互送咖啡豆，以示尽情狂欢，或是将咖啡赠送给久未谋面的亲友，同时饮用咖啡也是身份地位象征（见图1-2）。而在接下来风起云涌的大航海时代，借由海运的传播，全世界都被纳入了咖啡的生产和消费版图中。

图1-2　17世纪欧洲咖啡馆

二、荷兰人的咖啡贸易

自威尼斯商人收到第一批咖啡豆货物后，荷兰人便开始进行咖啡培植和贸易。他们从植物学家那里获得了大量的咖啡物种信息，凭借着海上贸易，荷兰人成功地获得一棵咖啡树，并且完好无损地运到了欧洲。到17世纪中期，在爪哇岛，已建立起了咖啡的栽培试点，种植著名的摩卡——爪哇咖啡豆混种。到1690年，咖啡庄园在邻近的苏门答腊岛、帝汶岛、巴厘岛和西里伯斯岛（苏拉威西岛的旧称）上迅速地相继建立起来。荷兰东印度公司还在阿拉伯人已经涉足的锡兰（今斯里兰卡）开始大规模地耕种咖啡。1706年，爪哇岛上来自荷兰的咖啡种植者把第一批咖啡作物和一棵咖啡树送回了荷兰，并将其小心地移种到了阿姆斯特丹植物园。阿姆斯特丹成了荷兰所产咖啡的贸易中心，而之后被带到新大陆的咖啡果实也是从这棵植株上产生的。因此，18世纪的科学家詹姆士·道格拉斯博士称这些植株为西方咖啡庄园的先祖，并把阿姆斯特丹植物园称为“全球咖啡的苗圃”（见图1-3）。

图1-3　咖啡种植园

Note

目前，中国已经成为咖啡消费大市场，因为越来越多的职场白领、外籍人士，都喜欢在工作之余饮用咖啡，并且很多餐厅都推出了咖啡业务，各国的咖啡品牌在此都找到了各自的市场。

三、全球种植咖啡

1714年，阿姆斯特丹的首席行政官把植物园里的一棵健壮的高1.5米(约5英尺)的咖啡树献给了法国国王路易十四。法国人把它移种到皇家植物园，还特地建了一座温室，并指派皇家植物学者悉心照料。这棵树终于开花、结果，成为现在中美洲和南美洲所生长的咖啡树的先祖。

知识拓展

咖啡种植年表

一名法国海军军官盖卜瑞·马蒂尼·德·克利从路易十四的植物园里带走一些咖啡树的树苗，驶向了圭亚那北部的马蒂尼克岛。这次旅途漫长且艰难，航行充满了危险，而且同行的乘客中有一人千方百计地想要破坏这些树苗。船在海上遭遇了可怕的风暴，以及由于海盗的侵袭，还不幸搁浅了许多天。当饮用水的供应快要不足时，德·克利还把自己的那份饮用水分给这些珍贵的树苗(见图1-4)。最后，人和树苗都奇迹般地活了下来，树苗被转栽到了马蒂尼克岛，并派有重兵把守。终于在1726年，德·克利迎来了第一批收成。50年后，在马蒂尼克岛上已有近1900万株咖啡树，德·克利的梦想也终于实现了。咖啡树从马蒂尼克岛和圭亚那这两个种植中心渐渐地扩散到了西印度群岛及中南美洲。

知识拓展

世界知名咖啡馆

图1-4　盖卜瑞·马蒂尼·德·克利与咖啡树苗

无论欧洲人走到哪里，他们都会带着咖啡。天主教传教士与其他宗教团体在咖啡的迁移过程中也扮演了关键的角色。最初，法国是欧洲咖啡市场的主要供应商，其先把咖啡树从马蒂尼克岛带到了古德罗普和圣多明各(今海地)的岛屿上。自1730年，英国人把咖啡引入牙买加，就是如今市场上饱受赞誉的蓝山咖啡。

1830年左右，爪哇岛和苏门答腊岛是欧洲咖啡市场的主要供应基地。尽管有英国资助，印度和锡兰试图与其竞争，但仍然无法动摇荷兰人在咖啡市场上的地位。19世

纪中期,一场咖啡锈蚀病横扫整个亚洲,使得供应商全部退出舞台,这给了巴西一个期待已久的机会。几年之内,巴西成了世界主要的咖啡产地,其地位至今也无人能够撼动(见图1-5)。

图1-5　19世纪巴西咖啡种植园

19世纪末,咖啡的种植区域在南北回归线之间向西、向东等距地呈带状分布。荷兰、法国、英国、西班牙和葡萄牙等国成功地在这个区域内建立起了自己欣欣向荣的咖啡农场。

咖啡的漫漫旅程终于在20世纪初的东非地区(今肯尼亚与坦桑尼亚)接近尾声。德国人在肯尼亚和乞力马扎罗山的斜坡上开始种植咖啡,有趣的是,这里距离咖啡最初的起源地仅有几百英里远(1英里=1609.344米)。咖啡终于完成了它9个世纪以来的环球之旅。

任务三　中国咖啡产业

一、咖啡在中国的种植历史

咖啡传入中国的历史并不长,直到1884年英国商人从菲律宾将咖啡引入我国台湾地区,咖啡才在我国台湾地区首次种植成功。1893年,滇缅边民从缅甸将咖啡引入云南德宏州瑞丽市户育乡弄贤寨。1904年,法国传教士将咖啡引入云南大理州宾川县平川镇朱苦拉村;1908年,华侨从马来西亚、印度尼西亚将咖啡引入海南省;此后,福建、广东、广西等地先后从东南亚引进咖啡种植,从此开创了我国咖啡早期引种栽培新纪元。目前,云南全省咖啡种植面积占全国面积70%,产量占全国近90%,无论是从种植面积还是咖啡豆产量来看,云南咖啡已确立了其在中国的主导地位。

二、中国咖啡文化的传播

对中国人而言，在很长一段时间里，“咖啡”和“速溶咖啡”是两个可以互换的名词。直到诸如美国的“星巴克”和中国香港地区的茶餐厅进入，人们才开始意识到原来咖啡不是速溶咖啡，而是一种时尚。这种时尚是“星巴克”内的抽象画、爵士乐和具有侵略性的咖啡香，是茶餐厅内诸如“鸳鸯”这种一半茶一半咖啡混合出来的、口味上中西合璧的饮料，也是盛在精致的白瓷碟里被侍者端起来配菜。这种异国风情和时尚情调，继速溶咖啡后，成为咖啡的又一代名词。近年来，我国咖啡文化盛行，咖啡成为一种时尚，受到年轻人的热烈追捧。由于生活节奏较快，消费者已将咖啡视为日常饮品。目前，在我国云南、海南、广西、广东等省区都有了面积可观的咖啡种植基地，一些世界上著名的咖啡公司，如麦斯威尔、雀巢、哥伦比亚等纷纷在中国设立分公司，不仅把咖啡产品销售到中国，还从中国的咖啡种植基地采购咖啡豆，既促进了我国的咖啡销售，又带动了咖啡种植业的发展。

三、中国咖啡产区的分布

中国咖啡豆产区目前主要分布在云南、海南、四川、台湾等地。云南种植地为德宏、普洱、保山、临沧、西双版纳、文山、红河、怒江等地区。海南种植地为澄迈、万宁等地区。四川种植地为攀枝花、梁山。台湾种植地为台南、云林。海南岛北部、云南南部，位于北纬15°至北回归线之间，其咖啡浓而不苦，香而不烈，口感独特。

云南咖啡大规模种植是在20世纪50年代中期，一度种植规模达4000公顷(1公顷＝10000平方米)。云南位于北回归线以南，属亚热带山地气候区，有着特有的高原红土，土质肥沃疏松，气候温和，特别适合种植卡蒂姆(小粒种咖啡)。无论是从种植面积还是咖啡豆产量来看，云南咖啡已确立了中国国内的主导地位。云南的自然条件与哥伦比亚十分相似，即低纬度、高海拔、昼夜温差大，出产的小粒咖啡经杯品质量分析，属醇香型，其质量和口感类似于哥伦比亚咖啡。台湾地处亚热带，境内多山，又有明显的雨季，有利于咖啡的生长。自光绪年间英国人引进咖啡树，现仍有小规模种植，比较有名的产区有南投山区惠荪林场、云林古坑的荷苞山，其咖啡风味接近中南美洲所产的咖啡豆，有柔和的酸味和不错的质感，口味平和。

四、中国咖啡产业的发展现状

(一)中国咖啡产业规模日渐扩大

2020年，中国咖啡行业市场规模达3000亿元，中国咖啡行业市场规模预计将保持27.2%的上升态势，远高于全球2%的平均增速。根据德勤于2021年4月发布的调研数据，我国一、二线城市消费者逐渐养成咖啡饮用习惯，特别是在一线城市中，已养成咖啡饮用习惯的消费者人均消费量达326杯/年。预计2025年中国咖啡行业市场规模将达1万亿元，总体呈现持续扩大的趋势。2021年，我国咖啡生豆销售量为21.9万吨，同比增长52%。

（二）新咖啡品牌纷纷崛起

我国咖啡市场进入品质化消费阶段，新咖啡品牌纷纷崛起。中国咖啡市场过去在较长时间都由外国品牌主导，速溶咖啡市场上，雀巢、麦斯威尔仍占据较大份额。现磨咖啡中，星巴克等咖啡连锁企业拥有庞大的粉丝群体，麦当劳、肯德基等快餐连锁品牌及便利店也均推出咖啡产品。而近年来，本土咖啡品牌迅速崛起，涌现出如瑞幸、Manner、Seesaw、三顿半等一系列国产品牌，如今咖啡赛道中新品牌纷纷出现，创新层出不穷，整个行业竞争也愈发激烈。按咖啡细分市场的参与者类型来看，现磨咖啡的代表性品牌有星巴克、瑞幸、太平洋咖啡、Costa等。而即饮咖啡市场的代表品牌有雀巢、星巴克、农夫山泉炭仌等。在速溶咖啡市场中，参与者类型众多，呈现磨咖啡、即饮咖啡和新势力品牌共同竞争的局面。

国货品牌在咖啡市场逐渐崛起。国产咖啡豆品牌2021年市场占比首次超过一半，销售额5年复合增长率是国际品牌豆的1.6倍。国产咖啡品牌迅速崛起，其中，三顿半、隅田川、永璞进入咖啡及相关产品销售额前十。

（三）中国消费者已养成咖啡饮用习惯

目前，咖啡门店多集中于一、二线城市，市场逐渐趋向饱和，竞争慢慢进入白热化阶段。德勤数据显示，目前一、二线城市咖啡馆占比高达75%，三线及以下城市咖啡馆占25%。《中国咖啡新浪潮——2022中国咖啡产业发展报告》显示，中国咖啡市场正在高速发展，不断涌现的新企业正在推动产品品类多样化、品牌本地化和营销线上线下融合，反映出中国咖啡消费日常化、刚需化的消费新浪潮。在新的消费浪潮下，咖啡产品种类愈发丰富。人们对咖啡的认知不再拘泥于传统的速溶咖啡粉，研磨咖啡、便捷咖啡、即饮咖啡、现磨咖啡等种类让消费者有了更多的选择。胶囊、挂耳、浓缩液和冻干等品类顺应了消费者不断升级的要求。另外，咖啡机、磨豆机、咖啡壶等用具的国内销量也在迅速提升。随着中国咖啡市场不断增长扩容，咖啡与中国人日常生活的距离正越来越近，咖啡消费呈现日常化、刚需化的特征。

（四）中国咖啡市场将往三、四线城市下沉

随着我国经济的发展，三、四线城市的消费水平也在不断提高，三、四线城市的咖啡馆数量也逐渐多了起来，未来咖啡市场将逐渐往三、四线城市转移。具有代表性的三、四线城市的年轻人成为咖啡消费的潜力股，伴随着他们的咖啡消费意识觉醒，三、四线城市的咖啡消费市场有待挖掘。

五、中国咖啡产业的发展趋势

（一）中国成为全球咖啡豆供应的新力量

中国成为全球咖啡豆供应的新力量，供应稳定增长，且全球咖啡进口量大于出口量，供需不平衡的现象愈发严重，因此国际咖啡豆的需求量一直居高不下。而中国作

为全球优质咖啡豆的产地之一,其咖啡豆的年出口量也在逐年递增,使得中国自然而然成为全球咖啡豆供应的一股新力量。目前,云南省已经成为雀巢、星巴克等外资咖啡品牌企业的供应商。2017年,云南省以6.07万吨的出口量位居中国咖啡出口量排行榜第一,占全国咖啡出口量的57.9%。咖啡豆也成为云南省除烟草外的第二大出口经济作物,极大地促进了当地的经济发展。

(二)中国咖啡市场竞争加剧

当前,中国咖啡行业正处于初级发展阶段,未来还有很大的发展空间。近年来,电商和一些餐饮行业巨头也开始加入市场,使中国的咖啡市场竞争变得更加激烈。2018年,中国大陆地区咖啡人均消费量仅为德国的0.71%,美国的1.6%。全球咖啡市场规模超过12万亿,而中国目前只有约700亿,与人口比例差距较大。据统计,人均收入增长会促进咖啡消费,国民收入每增加5%,咖啡日常消费会增加2%—3%,随着国民收入的增加与消费者咖啡消费习惯的逐渐养成,中国咖啡的潜在市场空间巨大。进口方面,2019年中国未烤焙咖啡进口量为10571.2吨,同比增长22.6%,进口额为2713万美元,同比增长9.7%。2020年1月,中国未烤焙咖啡进口量为96.5吨,进口额为36万美元。

(三)电商平台咖啡相关产品销售额迅速增加

相比2016年,2021年电商平台咖啡产品销售额提升了350%。在电商平台,增长最快的品类是以挂耳咖啡、咖啡液、速溶咖啡为代表的便捷咖啡。同时,咖啡品牌积极探索线上线下全域融合,外卖、到店自提、电商零售等新场景和渠道纷纷涌现,为整个餐饮行业数字化树立了优秀典范。

六、云南咖啡产业

云南省拥有特殊的高原亚热带气候条件,以及丰富的土地资源,云南省内的山脊可以形成自然屏风用来阻挡北方的冷空气进入,由此形成了云南省海拔700—1100米、平均温度17—22℃、平均降雨量700—1500毫米的低海拔高原温暖的气候环境,同时拥有一定的雨林气候特质,早晚温差大,日照充足,降雨量丰富,植物光合作用充足,由此种植出的小粒咖啡品质精良、香味醇厚。云南咖啡集中种植于北回归线以南、少数民族聚集的热带和亚热带边境贫困山区、半山区,毗邻老挝、缅甸、越南3个国家。云南低纬高原的独特自然条件,特别适合小粒咖啡的生长,是我国产出高品质咖啡的优势产区。

云南咖啡五大核心产区分别为普洱、临沧、保山、德宏和西双版纳5个边境州市,种植面积、产量、农业产值均占全国的98%以上,面积和产量分别占全球0.82%和1.08%。其中,种植面积超过10.05万亩的有5个县,超过4.95万亩的有10个县,超过10000亩的有22个县,少于10000亩的有11个县,咖啡种植业呈集约化发展态势,已成为中国最大的咖啡种植区。而同处于云南边境的楚雄州、怒江州、文山州及大理州等地区,咖啡产业也在逐年发展壮大。云南引种小粒种咖啡,至今已有100多年的历史。

独特的地理、资源、环境等条件，形成了云南咖啡“浓而不苦、香而不烈、略带果味”的特殊风味。云南的咖啡产业发展，大概可以分为四个阶段。

第一阶段：1952—1978年，根据国家战略需要，种植咖啡专供苏联。云南是中国大陆地区最早种植咖啡的地区，1914年景颇族边民引入咖啡种植在瑞丽弄贤寨，主要是用于栽培观赏。1952年春，云南农业试验场的科技人员在保山试种咖啡，发现所种植的咖啡品质良好，推动了之后保山大规模种植咖啡的进程，在中苏友好的年代，保山所种植的咖啡基本是专供苏联的。

第二阶段：1978—1988年，大部分农垦系统开始尝试种植，处于摸索阶段。云南的咖啡种植规模很小，基本分布在滇缅公路旁或农家庭院。1988年，为了降低咖啡价格成本，雀巢公司准备将种植基地由巴西转移到处于同一纬度的普洱，云南咖啡迎来了一个良好的发展机遇。

第三阶段：1988—2008年，云南咖啡呈现稳定发展局面。自1988年雀巢入驻普洱后，云南的咖啡种植稳步发展，同时随着中国经济飞速发展，以及人民生活质量的提高，人们对于咖啡的消费也随之增加。云南咖啡的发展机遇也吸引了星巴克、麦斯威尔等更多的跨国企业入驻云南。1992年，雀巢专门成立指导研究云南咖啡种植和改良的部门，并按照美国现货市场的价格收购云南咖啡，推动了云南咖啡的发展。

第四阶段：2008年至今，不断完善咖啡产业链，全面提高竞争力。这个阶段使云南省咖啡面临更多的发展机遇和挑战，也是农业向现代化转型的阶段，云南咖啡需要挖掘更多的国内外市场。云南咖啡的产业链条也需要更加成熟，不只是以原料出口和初加工为主，而是要提高精深加工能力，打造本土品牌，提高竞争力。

至2021年底，云南省咖啡种植面积有139.29万亩，咖啡农业产值受价格波动影响大。全省咖啡农业产值逐年增长，至2014年最高达28.78亿元，2015年起呈震荡式波动下降。2021年，随着国际咖啡期货价格持续上扬，咖啡全产业链产值316.72亿元，同比增长1.72%。其中，农业产值26.43亿元、加工产值173.62亿元、批发零售增加值116.67亿元，创历史新高，成效明显。2021年，云南省有咖啡企业420余家，包括咖啡初加工企业290余家、咖啡精深加工企业30余家、贸易企业90余家、省级龙头企业15家。其中，国家级示范社1户，省级示范社6户。拥有家庭农场32户，其中省级2户。中咖、景兰、后谷等多家深加工企业产值超过亿元。全省咖啡企业鲜果加工能力超过100万吨，初加工能力超过15万吨，精深加工能力超过3万吨，冷冻干燥、喷雾干燥速溶粉加工能力超过3万吨。全省咖啡加工体系企业趋于完备，实现咖啡从种子到杯子的全产业链格局。2021年，云南省咖啡及制品出口39个国家和地区。其中，出口数量超过100吨的有16个国家和地区，出口德国4146.64吨，出口金额达1495.44万美元，居出口国第1位。咖啡已经成为中国农产品接轨国际的主要品种之一。

云南咖啡走向世界的新征程，也是山区咖啡农脱贫致富、开阔视野以及在国际市场中磨砺成长的进程。云南咖啡产业的发展朝着品牌化、精品化、国际化发展之路前进。云南作为全球新兴精品咖啡产区，正受到社会各界的关注，也吸引着全球越来越多的目光。发展精品咖啡不仅使云南咖啡种植产业得以发展，带动云南高质量发展高原特色农业，推动云南的经济发展，更重要的是重塑和强化了云南咖啡的国际形象。

任务四 精品咖啡

一、精品咖啡的概念

精品咖啡是1978年美国努森女士(Erna Knutsen)于法国举行的国际咖啡会议所提出的。她所提出的精品咖啡(Specialty Coffee)的定义非常单纯、明确:Special geographic micro-climates produce beans with unique flavor profiles,即在特别气候与地理条件下培育出具有独特风味的咖啡豆。成立于1982年的美国精品咖啡协会(Specialty Coffee Association of American,SCAA)将其定义为慎选最适合的品种,栽植于最有助咖啡风味发展的海拔、气候与水土环境,谨慎水洗与日晒加工,精选无瑕疵的最高级生豆,运输过程零缺点,送到客户手中,经过烘焙师高超手艺,突出最丰富的地域风味,再以公认的萃取标准,冲泡出美味的咖啡。所谓"精品",是指在可追溯的特殊地理条件下及微气候中种植的,且杯测(Cupping)分数不低于80分的咖啡豆。

精品咖啡目前并没有世界共通的严格定义,品鉴基准是由各国的精品咖啡协会自行决定的。SCAA定义精品咖啡经过杯测的评价基准如表1-1所示。

表1-1 SCAA精品咖啡杯测评价项

序号	评价项	具体内容
1	干香气(Fragrance)	咖啡烘焙后的香味,或是研磨后的香味
2	湿香气(Aroma)	冲煮后,咖啡萃取液的香味
3	酸味(Acidity)	丰富的酸味与糖分结合能够增加咖啡液的甘甜味
4	醇厚度(Body)	咖啡液的浓度与重量感
5	余韵(Aftertaste)	喝下或者吐出后的风味表现,回味的意思
6	风味(Flavor)	同时感受到咖啡液的香气与味道
7	平衡感(Balance)	味道是否平衡

成立于2003年的日本精品咖啡协会(SCAJ)对精品咖啡的定义如下:从咖啡豆的生产到实际品尝的所有过程,都必须经过最妥善的处理,咖啡的风味必须能够呈现出产地特色,必须完全符合这两项条件,才能称为精品咖啡。SCAJ设定有8个评项(见表1-2)。

表1-2 SCAJ精品咖啡杯测评价项

序号	评价项	具体内容
1	干净度	咖啡风味没有缺点或污损，是品评咖啡品质最初的重点项目
2	甜质	由成熟度直接相关的甜质，来判定咖啡果采收时是否具备最佳的成熟度
3	酸质	评断的不是酸度强烈，而是酸味的品质及明亮程度
4	口腔触感	咖啡在口腔里散发的触感。包括是否感觉黏稠，密度、浓度、质量感，以及舌头触感是否柔软等质感
5	风味特性	以味觉与嗅觉感受栽培地区的风味特性，是评鉴其为精品咖啡或一般咖啡的重要项目
6	余味印象	喝完咖啡后口中持续残留的风味与香气
7	均衡度	咖啡风味中既没有特别突出的气味，也没有不足之处，整体感是否协调而均衡
8	总体评价	风味的复杂性、饱满度、深度、均衡度是否都具备

精品咖啡品评会(ACE)是1999年于巴西成立的国际性品评会，由世界各国的审查员根据当年度采收的咖啡中精选出高品质的咖啡，审查员针对其干净度、甜质、酸度、口腔触感、风味特性、余味印象、均衡度7个项目进行杯测后评选，平均得分在84分以上者即可冠上COE(Cup of Excellence，卓越杯)最高荣誉，并通过国际拍卖网站以竞拍方式高价卖出。如2004年巴拿马国际拍卖会上大放异彩、一鸣惊人的艺伎(Geisha)咖啡豆。

区别于大宗商用咖啡，除了种植环节，精品咖啡豆的烘焙、冲泡都有相当专业的要求。一是强调咖啡的品质和制作专业度，二是强调品牌自己的美学理念。但这一轮的精品咖啡热潮，更像是一个营销概念。所谓“精品”，更多是优选浅烘、中烘的咖啡豆，跟星巴克使用的深烘豆形成一定的差异，包括使用更好的设备、更新鲜且优质的牛奶等。深烘的咖啡豆保质期长、风味浓厚，浅烘、中烘的咖啡豆保质期相对较短，需要更快更新和补给。

二、精品咖啡豆的特点

(一)精品咖啡豆必须是无瑕疵的优质豆子

无瑕疵的优质豆子是指咖啡豆需要具有出众的风味，不是没有坏的味道，而是味道特别好。

(二)精品咖啡豆必须是优良的品种

诸如原始的波旁种、摩卡种、铁皮卡种，这些树种所生产出的咖啡豆具有独特的香气及风味，远非其他树种所能比，但是相对产量要低。近年来，为追求抗病虫能力以及提高产量，出现了很多改良树种，如肯尼亚大量推广高产量的Ruiru 11种，但其口味和质量大打折扣，因此不能称之为“精品咖啡”。

(三)精品咖啡豆的生长环境也有较高要求

精品咖啡豆一般生长在海拔1500米甚至2000米以上的高度,具备适度的降水、日照、气温及土壤条件。一些世界著名的咖啡豆还具有特殊的地理环境,如蓝山咖啡所在地区的高山云雾,柯娜的午后"飞来之云"所提供的免费阴凉,安提瓜的火山灰土壤,这些为精品咖啡的生长提供了条件。咖啡豆的特质与香醇潜能,70%由基因决定,另外30%则取决于栽种地的生态系统。基因不同会孕育出具有特质的咖啡,这是阿拉比卡咖啡豆与罗布斯塔咖啡豆风味明显不同的主因。如果基因特质相同,那么整体生态系统,包括纬度、海拔、土壤、日照、雨量、温度,将主导咖啡风味的走向与优劣。换句话说,有了优秀品种,还要配合有利的"养味"环境,也就是咖啡专家们所说的各庄园不同的生态、土质与微型气候,这些因素是独特"地域之味"的主因。

知识拓展

酸香与湿度、土质的关系

(四)精品咖啡豆的采收方式最好是人工采收

精品咖啡豆的采收方式最好是人工采收,只采摘成熟的咖啡果,防止成熟度不一致的咖啡果被同时采摘。因为那些未熟的和熟过头的果实都会影响咖啡味道的均衡性和稳定性,所以精品咖啡在收获期需要频繁细密地进行手工采摘。

(五)精品咖啡豆采用日晒或水洗、蜜处理等精制方式

水洗和日晒要基于对产地的自然条件,比如说印尼日晒咖啡很少,雨水量大,不适合日晒处理。巴西和埃塞俄比亚雨水少,日照充足,多采用日晒法处理咖啡。最早的咖啡处理法是日晒法,也门的"摩卡咖啡"就是日晒处理法。17世纪中叶,荷兰人在斯里兰卡种植咖啡,因为雨水量大不适宜日晒处理法,从而发明了水洗咖啡处理法。

随着精品咖啡的迅猛发展,现在的咖啡处理法越来越好,以哥斯达黎加为代表,发明了特殊处理方式,丰富了咖啡豆的风味。特殊处理法以蜜处理为主,包括白蜜、黄蜜、红蜜、黑蜜。近年来,还开创了厌氧水洗、厌氧日晒、葡萄干处理、二氧化碳浸渍、莱姆酒桶处理等特殊处理方式。

(六)精品咖啡有严格的分级制度

生豆在处理好后以"羊皮纸咖啡豆",即带着内果皮的形式保存,出口之前才脱去内果皮。咖啡豆要经过严格的分级过程,以保证品质的均一。保存运输过程中的保护要求也较高,比如对于温度与湿度的控制、通风的控制、避免杂味吸附等,如果这些工作没有做好,那么等级再高的咖啡豆也会变得不再精品。

三、世界知名精品咖啡豆

精品咖啡豆一般使用阿拉比卡咖啡豆,但不是所有的阿拉比卡咖啡豆都能成为精品咖啡。精品咖啡除了本身必须是阿拉比卡品种,通常还需要在特定的地形、气候以及土壤环境下种植,大部分种植海拔在1200米以上(除了巴西、印尼以及夏威夷地区)。

（一）巴拿马瑰夏咖啡

瑰夏（Geisha）咖啡种子是在1931年从埃塞俄比亚的瑰夏森林里发现的，然后送到肯尼亚的咖啡研究所；1936年引进到乌干达和坦桑尼亚，1953年哥斯达黎加引进；1960年，Don Pachi Serracin将瑰夏咖啡种子带到了它的传奇起始之地——巴拿马。

瑰夏咖啡在世界很多地方都有种植，包括巴拿马、哥伦比亚、埃塞俄比亚产区等，因咖啡的风味深受咖啡种植地的气候、海拔、湿度的影响，不同瑰夏产区有着不同的咖啡风味。其中，以巴拿马及哥伦比亚的瑰夏咖啡风味较为有名，巴拿马咖啡以翡翠庄园的艺伎（Geisha）闻名于咖啡界。2007年，美国精品咖啡协会主办的国际名豆杯测赛，巴拿马瑰夏拿下冠军，竞标价更以每磅130美元成交，创下竞赛豆有史以来最高身价纪录。

瑰夏咖啡生豆（见图1-6）具有非常漂亮的蓝绿色、玉石般的温润质感，闻起来有新鲜的青草香、桃子味、浆果气息和奶香甜味。烘焙后的瑰夏的干香气非常上扬、明亮，有着玫瑰和茉莉花香的特质，还能带出蜜柚以及柑橘香味，浅烘焙有坚果香气；湿香气同样有榛子味道，并且涌现出更多的花卉特质。花果风味伴随着温度下降逐渐上升，冷香异常出色（甜果脯，包括玫瑰果、橙柚酱、草莓果酱，以及丝丝松木味和樱桃、香草、玫瑰味渐渐退去，可以导出柠檬味的果香）。

图1-6　瑰夏咖啡生豆

（二）牙买加蓝山咖啡

牙买加蓝山咖啡豆（见图1-7）的品种是属于风味优雅的古老阿拉比卡品种铁皮卡，抗病能力较弱，产量不高，因此需要更多的人工投入。其中，依档次又分为牙买加蓝山咖啡和牙买加高山咖啡。蓝山山脉位于牙买加岛（Jamaica）东部，因该山在加勒比海的环绕下，每当天气晴朗的日子，太阳直射在蔚蓝的海面上，山峰上反射出海水璀璨的蓝色光芒，故而得名。蓝山最高峰海拔2256米，是加勒比地区的最高峰。这里地处地震带，拥有肥沃的火山灰土壤，空气清新，没有污染，气候湿润，终年多雾多雨（平均降水量为1980毫米，气温在27 ℃左右），造就了享誉世界的牙买加蓝山咖啡，同时也造就了世界上价格第二高的咖啡。由于日本大量投资牙买加咖啡产业，蓝山咖啡大都为日本

人所掌握,他们也获得了蓝山咖啡的优先购买权。蓝山咖啡90%为日本人所购买,由于世界其他地方只能获得10%的蓝山咖啡,因此不管价格高低,它总是供不应求。蓝山咖啡的咖啡因含量很低,还不到其他咖啡的一半,符合现代人的健康观念。

图1-7 蓝山咖啡生豆(左水洗、右日晒)

纯牙买加蓝山咖啡将咖啡中独特的酸、苦、甘、醇等味道完美地融合在一起,形成强烈诱人的优雅气息,被称为“咖啡美人”。它的味道芳香、顺滑、醇厚,有着坚果、黑巧、奶油的香气,风味口感非常均衡且醇厚。正是因为蓝山咖啡的味道适度而完美,所以蓝山咖啡一般都以单品咖啡的形式饮用。只有来自910—1700米海拔高的产区,包括圣安德鲁(St.Andrew)、圣玛丽(St.Mary)、圣托马斯(St.Thomas)、波特兰(Portland)的阿拉比卡铁皮卡种咖啡才能被称为牙买加蓝山咖啡(Jamaica Blue Mountain)。在海拔910米以下、460米以上的叫作牙买加高山咖啡,而在460米以下的为牙买加优选咖啡。

(三)耶加雪菲咖啡

耶加雪菲咖啡也是产自埃塞俄比亚,其外形虽然较小(见图1-8),但却甜美可人。通过浅度的烘焙之后,水洗耶加雪菲咖啡风味为果味浓厚,具有鲜茉莉花香、莓果、柠檬酸、菠萝、苹果芳香,颜色清澈,口感顺滑,余韵悠长。

图1-8 耶加雪咖啡生豆

埃塞俄比亚是咖啡的发源地,其咖啡产区之间的风味不同,是一个让人不断探索的咖啡宝藏之地。耶加雪菲咖啡产区的风味之所以让人着迷,也与其气候有着很大的

关系。这里海拔1700－2100米，是全球海拔较高的咖啡产区之一，也是埃塞俄比亚精品咖啡的代名词。耶加雪菲是埃塞俄比亚的一座小镇，是西达摩地区的一部分，但由于其品质优良，它被细分为微型生产区。图尔卡纳湖、阿巴亚湖、查莫湖给这里带来了丰富的水汽。以雾谷(Misty Valley)为代表的裂谷里，终年雾气弥漫，四季如春，微风徐徐，凉爽湿润，数千种咖啡树苗壮生长，孕育出耶加雪菲独特的花香和果香暧昧交织、变幻莫测的独特风味。

埃塞俄比亚共有9个咖啡产区，包括西达摩、耶加雪菲、哈拉、林姆、金比5个精品咖啡产区和金玛、伊鲁巴柏、铁比、贝贝卡4个一般商用咖啡豆产区。

(四)苏门答腊曼特宁咖啡

曼特宁咖啡产于亚洲印度尼西亚的苏门答腊，别称“苏门答腊咖啡”。亚洲咖啡著名的产地要数马来群岛的各个岛屿，如苏门答腊岛、爪哇岛、加里曼岛等，其中罗布斯塔种占总产量的90%。而苏门答腊曼特宁咖啡则是稀少的阿拉比卡种。这些树被种植在海拔750－1500米的山坡上，苏门答腊赋予了曼特宁咖啡浓郁的香气、丰厚的口感、强烈的味道，并带有微微的巧克力和糖浆味。其风味非常浓郁，香、苦、醇厚，带有少许的酸味。一般咖啡的爱好者大都单品饮用，但它也是调配意式咖啡不可或缺的品种。

曼特宁咖啡豆(见图1-9)颗粒较大，豆质较硬，栽种过程中很容易出现瑕疵，采收后通常要经过严格的人工挑选，如果管控过程不够严格，很容易造成品质良莠不齐，加上烘焙度不同也会直接影响口感，因此成为争议较多的单品。

图1-9　曼特宁咖啡生豆

曼特宁咖啡口味浓重，带有浓郁的醇厚度和馥郁而活泼的动感，不涩不酸，醇厚度、苦味可以表露无遗。曼特宁咖啡豆的外表可以说是非常丑陋的，但是咖啡迷们说它越不好看，味道就越好，口感就越醇厚、越丝滑。

印尼岛屿分布较为分散，各岛内部多崎岖山地和丘陵，仅沿海有狭窄平原，并有浅海和珊瑚环绕，属典型的热带雨林气候，年平均温度25－27℃，无四季分别，年降水量1600－2200毫米。印尼的较高海拔、火山灰土壤以及它的气候特征，是适宜阿拉比卡

咖啡树生长的优良条件。由于常年高温多雨，所以处理时的干燥时间要尽可能短，否则还没干燥到合适程度又赶上雨季，就会提高发霉的可能性。所以，像需要长时间的日晒的这种干燥的处理法便难以开展。因此，曼特宁咖啡采用了湿刨法。

知识拓展

湿刨法

（五）苏门答腊猫屎咖啡

猫屎咖啡又称麝香猫咖啡（Kopi Luwak），“Kopi”为印尼语咖啡的意思，“Luwak”是印尼人称“麝香猫”的一种树栖野生动物。

猫屎咖啡，产于印度尼西亚，世界较昂贵的咖啡之一。印尼种植大量的咖啡作物，麝香猫因为身上能散发出一种类似麝香的气味而得名（见图1-10）。麝香猫生活在丛林中，它们的主要食物之一就是咖啡豆。咖啡豆通过在其体内发酵和消化，最终成为猫的粪便排出来。麝香猫的粪便包含一粒粒的咖啡豆，成为世界上较昂贵的粪便。

图1-10 麝香猫与猫屎咖啡

麝香猫在中南半岛，包括印度（东北部）、孟加拉国、不丹、尼泊尔等地都有所分布，但能产出猫屎咖啡的，只有苏门答腊麝香猫，即印尼麝香猫。

因硬果核生豆无法消化，所以野生麝香猫一般喜欢吃肥美多浆的成熟咖啡果，吃后随粪便排出，清洗干净之后，就成为Kopi Luwak咖啡生豆，因此称它为“猫屎咖啡”。印尼人发现，经过麝香猫肠胃发酵的咖啡豆，特别浓稠香醇，于是搜集麝香猫的排泄物，筛滤出咖啡豆，冲泡来喝，由于产量稀少，并且发酵过程独特，风味和一般咖啡不同。当地的咖啡农，为了追逐高额利润，将野生的麝香猫捉回家中饲养，以便可以产出更多的猫屎咖啡。但是，养殖麝香猫产出的猫屎咖啡，成色味道也会相应逊色很多。即使是这样，这种咖啡的产量仍然十分稀少，并不是所有喜欢咖啡的人可以消费得起的。

Kopi Luwak咖啡大部分是产于低海拔的罗布斯塔豆，恰因麝香猫的“自然发酵”过程，口味远甚于偏好高海拔地区的阿拉比卡豆。印尼咖啡本身就带有泥土味和中药味，稠度也居于各种咖啡之冠，但是Kopi Luwak咖啡风味更胜一筹，尤其稠度几乎接近糖浆，真正的麝香猫咖啡泡制出的咖啡会散发出似蜜糖与巧克力的香味，不苦、不酸、不涩，并且多了几分奶香味。

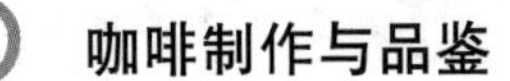

教学互动

尝试在世界地图上绘制咖啡的传播路线。

项目小结

本项目主要介绍了咖啡的发源地、咖啡的传播、中国咖啡产业以及精品咖啡的内容，学生通过学习能够掌握咖啡的基础知识，为后面的课程打下坚实的理论基础。

项目训练

1. 简述咖啡的传播历史。
2. 介绍3种你熟悉的精品咖啡。

项目二
认识咖啡豆
——咖啡豆的品种与主产地

项目描述

对咖啡的风味和质量来说，咖啡的产区和品种是其源头，而且是非常重要的一环，毋庸置疑，咖啡生长的地区和品种的选择是影响咖啡风味和质量的关键环节。本项目主要是介绍世界上咖啡的主要产区和不同咖啡豆种在产区种植的情况。

项目目标

知识目标

1. 掌握各产区的中英文名。
2. 掌握各咖啡豆种的中英文名和血缘关系。

能力目标

1. 熟悉咖啡的产区和品种。
2. 能够初步辨识咖啡不同品种的特征。

素质目标

1. 熟悉中国云南咖啡产区的发展历史和现状。
2. 结合世界大产区咖啡产业和云南咖啡产业现状，为云南咖啡和咖啡产业贡献一份力量。

知识导图

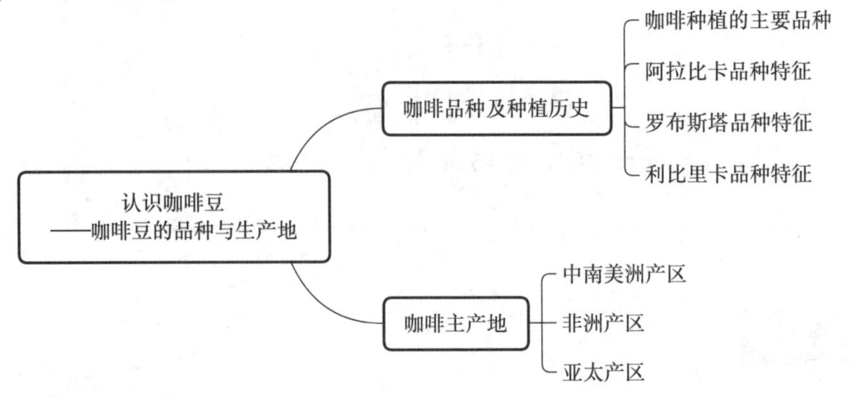

学习重点

1. 咖啡主要种植品种。
2. 咖啡主要种植产区。

学习难点

1. 咖啡各品种之间的关系。
2. 咖啡种植产区的实际发展状况。

项目导入

日常接触咖啡产品，讨论咖啡产品本身的种植地区和品种时，资深的咖啡人会有对这款咖啡产品一个初步的了解。那么，咖啡品种之间的产地和特征是怎样的？品种和产区本身对咖啡品质有什么样的影响？

任务一　咖啡品种及种植历史

一、咖啡种植的主要品种

咖啡种类中有一些种类属于野生植物，主要生长在非洲、亚洲、大洋洲的澳大利亚等。只有阿拉比卡咖啡和罗布斯塔咖啡得到大量的种植，这两种咖啡的产量大约占全球咖啡总产量的99%。一些国家或地区为了平衡当地的咖啡消耗，还种植了少量的利比里卡咖啡。阿拉比卡咖啡、罗布斯塔咖啡、利比里卡咖啡——这3种构成了世界上三大咖啡品种（见图2-1）。

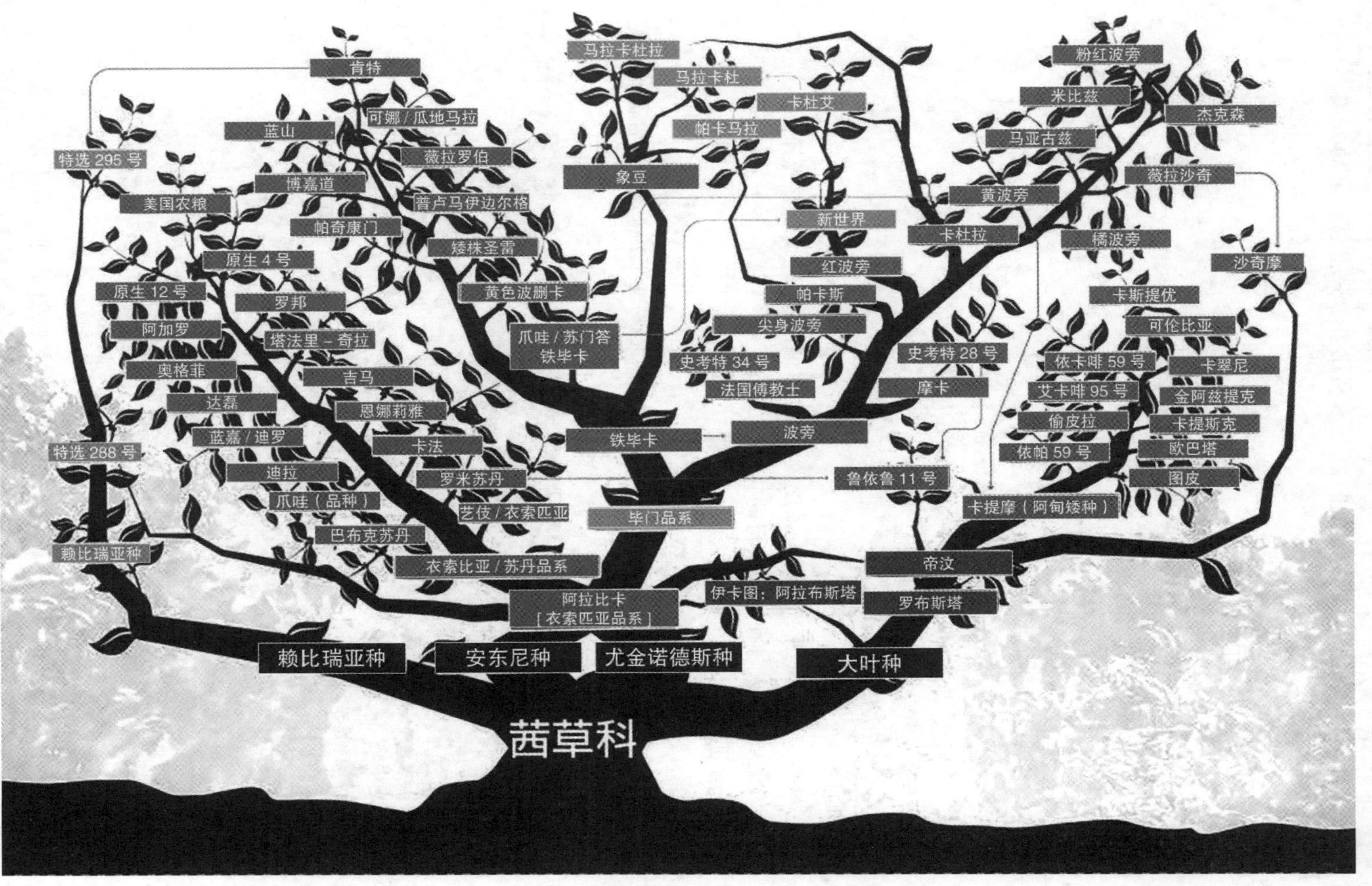
肯特
马拉卡杜拉
马拉卡杜
卡杜艾
帕卡马拉
粉红波旁
米比兹
杰克森
马亚古兹
可娜/瓜地马拉
蓝山
薇拉罗伯
特选 295 号
博嘉道
美国农粮
普卢马伊边尔格
象豆
薇拉沙奇
黄波旁
帕奇康门
新世界
卡杜拉
橘波旁
矮株圣雷
原生 4 号
红波旁
沙奇摩
原生 12 号
黄色波删卡
罗邦
帕卡斯
卡斯提优
阿加罗
塔法里－奇拉
爪哇/苏门答铁毕卡
尖身波旁
可伦比亚
史考特 28 号
奥格菲
史考特 34 号
依卡啡 59 号
卡翠尼
吉马
法国傅教士
摩卡
艾卡啡 95 号
金阿兹提克
达磊
恩娜莉雅
偷皮拉
卡提斯克
蓝嘉/迪罗
波旁
特选 288 号
卡法
铁毕卡
依帕 59 号
欧巴塔
迪拉
罗米苏丹
鲁依鲁 11 号
图皮
爪哇（品种）
卡提摩（阿甸矮种）
艺伎/衣索匹亚
毕门品系
巴布克苏丹
赖比瑞亚种
衣索比亚/苏丹品系
帝汶
阿拉比卡［衣索匹亚品系］
伊卡图：阿拉布斯塔
罗布斯塔
赖比瑞亚种
安东尼种
尤金诺德斯种
大叶种
茜草科

图 2-1 咖啡家族

其中,阿拉比卡产量居于首位,总产量约占世界咖啡的75%,有铁皮卡、波旁等子品种。罗布斯塔约占世界咖啡总产量的20%。利比里卡只占总产量的2%,多种植于亚太地区。

二、阿拉比卡品种特征

阿拉比卡(Coffea Arabica)咖啡品种特征主要如下。

用途:主要用于单品或精品咖啡。

特点:香醇,含咖啡碱成分较低;风味和香气俱佳;味道均衡,是一流的高级咖啡豆。

原产地:埃塞俄比亚。

生产国:埃塞俄比亚、巴西、哥伦比亚等。

生产量:占全球咖啡豆总产量的75%左右。

温度与湿度:气温要求在15—24℃,湿度在60%。

高度:海拔800—1500米的高地。

开花期:均在雨后开花。

结果时间:9个月。

外观:深色窄长的外观、青绿色;果皮较厚,果肉偏甜,颜色均匀有光泽。

香味:有甜味、酸味与香气等丰富的味道。

咖啡因含量:0.8%—1.4%。

适合饮用法:手冲、滴滤、意式浓缩。

特点:对于病虫害的抵抗力弱,对土壤较为敏感,容易受气温影响,适合高地栽培。

阿拉比卡咖啡果实如图2-2所示。

图2-2 阿拉比卡咖啡果实

阿拉比卡种是较早被发现的咖啡品种,被认为是咖啡品种中品质极好的一种,也是目前世界上主要的咖啡品种,中南美洲、非洲、亚洲等地都有生产阿拉比卡种。阿拉比卡种通常生长高度在2.5—4.5米,耐受低温但不能结霜,抗干旱能力不强,颗粒较大,风味干净,味道香醇,咖啡因含量低。阿拉比卡还有许多亚种,皆是由埃塞俄比亚古老

Note

的铁比卡和也门的波旁移植中南美洲或亚洲后变种衍生而来，品种繁多。一颗阿拉比卡种一般由两粒略微扁平的豆子构成，正面呈长椭圆形，中间裂纹窄而弯曲，呈S形，豆子背面的圆弧形较平整。

（一）埃塞俄比亚当地原生种（Heirloom）

Heirloom直译为“传家宝”，因为埃塞俄比亚当地的咖啡品种已经存在非常悠久的年份，如家传之宝流传下来，故命名为传家宝也实属贴切。这个名词是从第三波精品咖啡出现的早期开始流传的，因为埃塞俄比亚的咖啡品种多达上万种，目前的咖啡品种发掘还不到10%，能够有明确的品种认证进行命名的不多，缺乏可靠的研究证明，品种的信息资料不够明确透明，因此传家宝品种只是对埃塞俄比亚咖啡品种的笼统概括。无论是耶加雪菲，还是西达摩等咖啡产区，很少有单独命名的品种。而种植的咖啡农多，合作社会统一收购咖啡，全国的合作社众多，品种混合在一起无法分辨，西部和西南部的风味不一样。对于埃塞俄比亚咖啡的命名，当地的命名方式大有不同。当地多为农民，传统而又落后的部落，文化水平不高，因此命名的方式多以当地的语言或者是具有相同特征的树种来为未知的咖啡品种命名。

埃塞俄比亚咖啡品种大多称为当地原生种（Heirloom），为小颗粒种，外形较为浑圆，豆体很小，大多介于14－15目。原生种这个词的出现是从“精品咖啡运动”开始之后发生的。当时这些无法分辨铁皮卡和波旁差异的精品咖啡的买家，将这些未知品种全部以原生种来统称。另外，埃塞俄比亚的咖啡品种太多，就像阿拉比卡的天然基因库，一方面品种繁多，鉴定分类难度大；另一方面，埃塞俄比亚政府出于保护的考虑，不愿意也不能公开这些品种信息。人工栽种的咖啡树起源于埃塞俄比亚，那里充满了原生种及大量的变种。另外，还有许多现存的品种和一些自然突变以及其他混血品种，也被广泛种植在世界上其他的产区。有一些品种具有明确的风味特征，有些则是依靠生长环境的微小风土条件、种植的方式或生豆精制处理方式等因素而产生不同的特征。

（二）铁皮卡（Typica）

与所有阿拉比卡咖啡一样，铁皮卡（Typica）也是埃塞俄比亚古老的原生品种。在15－16世纪，铁皮卡树种被带到了也门。1696－1699年，咖啡种子从印度马拉巴尔海岸被送到巴达维亚岛（今天称为印度尼西亚的爪哇岛），这几粒种子是现在所知道的独特的铁皮卡品种。1706年，铁皮卡从爪哇岛被带到阿姆斯特丹的Hortus Botanicus进行育苗。

18世纪后期，咖啡种植蔓延到加勒比地区（古巴、波多黎各、圣多明各），包括墨西哥和哥伦比亚，并从那里传播到中美洲（早在1740年就在萨尔瓦多种植）。直到20世纪40年代，南美洲和中美洲的大多数咖啡种植园才种植了铁皮卡。由于铁皮卡既低产又极易受到咖啡病的影响，它逐渐被美洲大部分地区其他品种所取代，但仍在秘鲁、多米尼加和牙买加广泛种植，牙买加蓝山咖啡也渐渐名声大噪起来。早期在巴西，铁皮卡被作为重要的品种进行种植，后由于其抗病能力差，产量低而逐渐被波旁及其他品

种所取代。尽管如此，依旧还是有很多的国家和地区在种植铁皮卡这个品种。例如，牙买加、夏威夷、多米尼加、古巴、墨西哥、秘鲁、玻利维亚，以及中国台湾、印尼苏拉威西、印度马拉巴等，都保持着极佳的口碑。

铁皮卡咖啡树相当高并且有锥形的枝条，咖啡树的母枝大约倾斜60°，叶子通常带有深青铜色。铁皮卡可以说是诸多咖啡衍生中的鼻祖。铁皮卡咖啡树是珍贵树种，树叶黄铜，尽管咖啡豆产量很低，但是杯测分数极高，咖啡风味呈果香，变化多端。铁皮卡在风味表现上是酸甜苦平衡，质地温和、顺滑，但也有人认为其缺少了个性，铁皮卡的酸远不如波旁来的多变和浓烈。铁皮卡咖啡树豆体呈椭圆形或瘦尖形，抗病力差，产果量少。苏门答腊曼特宁、牙买加蓝山、夏威夷柯娜等优质咖啡豆都属于铁皮卡。

1. 苏门答腊曼特宁(Mandheling)

印度尼西亚咖啡主要产地有苏门答腊岛、爪哇岛和苏拉威西岛，其中又以苏门答腊岛所产的曼特宁(Mandheling)最为有名。

曼特宁别称“苏门答腊咖啡”，产于北端的塔瓦湖的可称为亚齐咖啡或塔瓦湖咖啡，产于林东(Lintong)与托巴湖一带的可称为曼特宁。曼特宁咖啡有着令人愉悦的微酸，有着传统意义上的苦味，但是不苦涩，如黑巧克力般气味香醇，后半段甜味丰富，适合中深度烘焙。曼特宁咖啡被认为是世界上最醇厚的咖啡，口感润滑，同时又有较低的酸度混合着最浓郁的香味。除此之外，这种咖啡还有一种淡淡的泥土的芳香，被形容为草本植物的芳香，因此苏门答腊曼特宁咖啡被称为“咖啡中的绅士”。曼特宁是生长在海拔1500米左右高原山地的上等咖啡豆，以 Takengon 和 Sidikalang 出产的一等曼特宁质量最高。曼特宁咖啡生豆(见图2-3)颗粒较大，豆质较硬，栽种过程中很容易出现瑕疵，采收后通常要经过严格的人工挑选，如果管控过程不够严格，很容易造成品质良莠不齐，加上烘焙度不同也会直接影响口感，因此成为争议较多的单品。曼特宁咖啡豆的外表可以说是极丑陋的，但当地人认为它越不好看，味道就越好，口感就越醇厚、丝滑。

图2-3　曼特宁咖啡生豆

2. 蓝山咖啡(Blue Mountain Coffee)

关于蓝山咖啡(Blue Mountain Coffee)的具体介绍见项目一任务四“精品咖啡”。

3. 夏威夷柯娜(Kona)

1892年，当时的咖啡行业主要还是商业咖啡的模式，欧洲大赚了一笔，美国也想分

一杯羹。但美国并不适合栽植咖啡，这时夏威夷的并入解决了这一难题，夏威夷从危地马拉引入铁皮卡，并全面种植。此时，牙买加的蓝山咖啡已有60年的发展历程，已经十分成熟。夏威夷于1825年将咖啡树首次引种入岛。夏威夷岛柯娜地区的西部和南部盛产柯娜(Kona)咖啡，这里海拔为800－1100米，适宜咖啡树生长。柯娜咖啡的种植一直采用家庭种植模式。柯娜咖啡的收获季节是从每年的8月下旬开始一直到第二年的1月，农民们分批将成熟的果实采摘下来，经过处理后得到咖啡豆。柯娜地区种植出来的咖啡豆外形十分好看，粒形十分饱满，色泽光亮，被誉为“世界上最美的咖啡豆”。柯娜地区的咖啡树大多都长在火山之上，能够汲取蕴藏在土壤里的大量养分，加上人工培育技术，让每一粒咖啡豆都拥有与众不同的模样。研磨煮制出来的柯娜咖啡，口感如丝般顺滑，香气浓郁，略带迷人的坚果香，酸度适中，宛如夏威夷岛上五彩缤纷的景色一样动人，一样令人回味无穷。柯娜咖啡采用水洗法和自然烘干法。夏威夷洁净甘甜的山泉水提供了进行水洗法理想的条件，这种方法造就了柯娜咖啡豆光亮清透的外表和纯净清新的味道。洗过的咖啡豆就放在巨大的平板上，由阳光自然晒干。柯娜咖啡豆(见图2-4)大小均匀，很少有瑕疵豆，豆体偏橄榄绿，水分含量在11%－13%，有青草味和刺鼻的辛香味，生豆的中心线呈浅褐色。

图2-4　夏威夷柯娜咖啡豆

4.象豆(Maragogype或Elephant Bean)

象豆(Maragogype或Elephant Bean)与其他咖啡豆相比，是一种异类咖啡豆，它的体积比其他咖啡豆要大上3倍，甚至还要多。这也说明并非所有阿拉比卡咖啡豆就一定是小粒豆，因为铁皮卡品种发生变异而产生了一种体形较大的豆子，就是象豆。象豆集中分布在中美洲国家，目前，象豆的主要产区在危地马拉、墨西哥、尼加拉瓜、洪都拉斯、萨尔瓦多、巴西和扎伊尔。最好的象豆生长在墨西哥和危地马拉。总体而言，象豆的口味较为均衡，圆润而柔和的质感、适中的香气及较淡雅的醇厚度，使其在业内评价很高。象豆的分类学名称是玛拉果吉佩(Maragogipe，亦作Maragogype)，来自巴西巴伊亚州的玛拉果吉佩县。象豆在低海拔区风味较差，但高海拔风味较佳、酸味温和、甜香宜人。象豆的采摘工艺比起一般的咖啡豆采收还要难上几分。因为象豆的咖啡树比较高，而且咖啡果实过大，一般采用中美洲常见的水洗法。因为具有一定的种植难

度，所以大多数咖啡农并不愿意种植象豆咖啡豆，也造成其产量较低，而物以稀为贵，因此其售价也比较高昂。

5. 肯特(Kent)

肯特(Kent)生长在印度，为铁皮卡种的突变种，产量高，抗病力强。此品种于20世纪20年代在印度迈索尔地区的一座由一位英国人罗伯特·肯特所拥有的Doddengudda庄园内被发现。由于肯特可耐叶锈病，故在20世纪40年代相当受栽种者的欢迎。目前，肯特大多被栽种在坦桑尼亚，杯测品质也极高。肯特种冲煮的咖啡香气比波旁种更加饱满且深厚。

6. 瑰夏(Geisha)

瑰夏(Geisha)属铁皮卡家族的衍生品种，1931年从埃塞俄比亚南部瑰夏山输出，在很多国家种植都默默无闻，1960年移植巴拿马，到2005才开始在杯测赛中胜出，从而一鸣惊人。关于瑰夏的具体介绍详见项目一任务四精品咖啡。

7. 爪哇(Java)

爪哇(Java)因其豆貌而得名。爪哇最早是生长在埃塞俄比亚原始森林的咖啡树种，由当地人们收集，然后通过也门传到印尼，在当地被命名为“爪哇”。原先大家普遍以为爪哇是铁比卡的变种，但经过基因比对后发现，爪哇是来自埃塞俄比亚名为阿比西尼亚(Abysinia)的支系，是一支原生的古老品种。而这一支系，其实和瑰夏是同一个支系、同一发源地，并且同样具有优秀的花香水果风味，也正因如此，爪哇经常被称作瑰夏的表亲。到达印尼之后，爪哇品种先传到附近的帝汶岛屿群，然后又传到东非的喀麦隆，1980年首先在喀麦隆释出供农民种植。至于传到中南美洲，是在育种专家Benoit Bertrand的主导下，1991年通过 法国农业发展研究中心(CIRAD)传入哥斯达黎加。随着爪哇品种在中美洲的种植，尼加拉瓜Mierisch家族率先让精品咖啡市场注意到了这个品种，并且为了区分印尼爪哇咖啡和爪哇品种，他们把中美洲的爪哇品种命名为Java Nica(意为来自尼加拉瓜的爪哇种)。

爪哇咖啡近年在中南美洲崭露头角，来到玻利维亚，受到了罗德里格斯家族(Los Rodriguez)的精心培育。爪哇的果实与种子都很长，嫩芽是黄铜色，植株相当高，但产量低。其风味突出，不输于瑰夏，对叶锈病与咖啡果实病的抗病力更强，很适合小农种植。爪哇的阿拉比卡咖啡有着一种奇妙的水果风味，喝起来带有一种黑莓和葡萄柚的味道，中等纯度，口感酥脆而清爽。

（三）波旁(Bourbon)

波旁(Bourbon)咖啡起源于一个叫留尼汪的小岛，此岛位于马达加斯加附近的海域。1513年，葡萄牙人马斯克林首先发现这一群岛，取名为马斯克林群岛，而留尼汪岛则是该群岛中的一个。到了1642年，法国正式宣布占领该岛并于1649年正式将其命名为波旁岛。

波旁是早期铁皮卡移植到也门后的变种，豆形从瘦尖变成圆身。波旁圆身豆1727年辗转传到中美洲和南美洲，1732年英国移植也门摩卡到圣海伦娜岛(后来囚禁拿破仑的地方)。波旁是美洲精品咖啡杯测的常胜军。波旁咖啡豆因成熟颜色的不同，分为红波旁、黄波旁和粉波旁，其中红波旁较为常见。波旁树种对叶锈病和虫害病的抵抗能

力较弱，但是与铁皮卡相比，属于比较强壮的一类，产量相比铁皮卡会多一些，咖啡豆形中等偏小，轮廓偏椭圆形。它的品种调性会表现出更靠前端的酸质体现和层次多变的风味调性。波旁的衍生品种有尖身波旁、肯尼亚SL28及SL34、薇拉莎奇、卡杜拉、帕卡斯等。

1.红波旁(Red Bourbon)

关于红波旁(Red Bourbon)，一般在咖啡树开花结果后，咖啡果实的颜色变化由绿色转为黄色、转为橙色、转为成熟的红色，再转为较熟的暗红色，因此被称红波旁种，其实红波旁也就是一般所说的波旁种。

红波旁的风味特征：种在高海拔的波旁种，通常会有较佳的香气，同时酸较明亮，喝起来甚至有类似红酒的风味。

2.黄波旁(Yellow Bourbon)

黄波旁(Yellow Bourbon)最初是在巴西发现的，目前主要生长在巴西。通常认为，黄波旁是由红波旁种与一个称作“Amerelo deBotocatu”的结黄色果实的铁皮卡变种杂交后突变而来。因其产量较低，且较为不耐风雨，未被广泛种植。但是它种植在高海拔地区时，会有极佳的风味表现，近年来较为常见。

黄波旁(见图2-5)的风味特征：甜感突出，有明显的坚果风味和均衡柔顺的酸度，苦感微弱干净。

图2-5 黄波旁

3.粉波旁(Pink Bourbon)

粉波旁(Pink Bourbon)代表咖啡樱桃成熟后是粉红色，属于十分稀有的新品种。它是由红波旁和黄波旁杂交培育而成的。之所以说粉波旁是稀有品种，主要是想要保持这份漂亮的粉红色是很难的，有时会收获一些橙色的波旁，那是因为咖啡果实的颜色最终是由花粉粒里面的隐性基因所决定。在选定的要进行杂交的花粉粒中，既有倾向黄波旁的黄色基因，也有倾向红波旁的红色基因，目前可以在哥伦比亚和危地马拉看到粉波旁的身影。

粉波旁的风味特征：有甜橙等令人愉悦的果汁感，以及小番茄的味道等。

4.尖身波旁(Bourbon Pointu)

尖身波旁(Bourbon Pointu)，因为其豆形较为狭长且两端稍尖而得名(见图2-6)。

尖身波旁还有另外两个名字——劳瑞那(Laurina)、李霍伊(Leroy),但都不如尖身波旁名头来得响亮。尖身波旁是世界上稀有的咖啡之一,1810年被留尼汪岛(以前的波旁岛)的咖啡农雷洛伊所发现。不同于其他人工处理后的低因咖啡,尖身波旁是由于基因上的退化,致使咖啡因含量相较于一般的波旁咖啡要更低,且风味更佳。但是产量极低,这也是尖身波旁稀有且昂贵的原因。常见的阿拉比卡豆,比如铁皮卡或者波旁,咖啡因含量约为1.2%,罗布斯塔豆咖啡因含量更高,约为2.8%,而尖身波旁仅有0.6%,不仅咖啡因含量低,丰富的水果风味与其香醇丝毫不减。尖身波旁这一品种特别容易感染叶锈病、黑斑病,这也是造成其产量低的主要原因。由于风味好且咖啡因含量低(不太影响睡眠),尖身波旁早在18世纪就受到世人喜爱,不少名人,像是法国国王路易十五、小说家巴尔扎克都是它的"粉丝"。18—19世纪,尖身波旁在波旁岛曾大面积种植,1800年还曾达到年产4000吨的高峰。但随后,飓风、火蚁、叶锈病等一连串的灾难接踵而来,以致其种植日渐减少,终于在1942年,最后一批运回法国的尖身波旁只剩下可怜的200千克,而且自此之后,尖身波旁便消失得无影无踪,连官方文书都不再提及。20世纪50年代之后,留尼汪岛已经无人种植咖啡,岛上的农业也完全转向其他如甘蔗之类的农作物,也正因如此,尖身波旁十分珍贵,大多会在实验室培育。

图2-6 尖身波旁

5.肯尼亚SL28及SL34

最早在20世纪30年代,由肯尼亚政府委托新成立的Scott Labs,海选出适合该国的品种,42种初选的品种在逐一编号筛选后,最终得到SL28及SL34(也含铁皮卡基因),两者并非是一个系列的品种。当初选育SL28的目的,是希望能大量生产兼具高品质又可对抗病虫害的咖啡豆,而在一些产区,选育的目的主要是高产,并没有考虑抗病虫害。得益于波旁的基因,虽然后来SL28的产量不如预期,但铜叶色以及蚕豆状的豆子有着很棒的甜感、平衡感和复杂多变的风味,以及显著的柑橘、乌梅特色。

SL34与SL28的风味相似,除了复杂多变的酸质和很棒的甜感结尾之外,口感较SL28柔和,也更为干净。SL34拥有法国传教士、波旁以及更多的铁皮卡血统。

SL34和SL28类似,都能适应雨林生长。前者获得颇高的评价,通常拥有黑醋栗般

的酸质与繁复的风味展现;后者虽然稍逊一筹,不过也有亮眼的水果风味。这两个品种,目前占了肯尼亚产量的九成,成为一般公认肯尼亚咖啡的品种代表,目前南美洲也在积极地引入SL28作为种植品种。20世纪初,法国、英国传教士和研究人员在肯尼亚筛选、培育出来的波旁嫡系,百年来已适应肯尼亚的高浓度磷酸土壤,孕育出肯尼亚特色的酸香精灵,顶级肯尼亚咖啡都是出自这两个品种,但移植到其他地方却会走味。

肯尼亚咖啡等级依咖啡豆的大小分为7个等级,依味道由上而下分为6个等级的规格。肯尼亚最好的咖啡等级是豆形浆果咖啡(PB),然后是AA++、AA+、AA、AB等,依次排列。上等咖啡光泽鲜亮、味美可口且略带酒香。在味道上,"肯尼亚AA"尤其深受好评。

6.薇拉沙奇(Villa Sarchi)

薇拉沙奇(Villa Sarchi)是波旁变种,属于波旁绿顶矮生自然突变品种。它于1950年在哥斯达黎加被发现,随后进行了系谱选择(通过连续几代选择单个植物),但是这个品种在哥斯达黎加并没有被普遍种植,而是在1974年,被洪都拉斯咖啡研究所(IHCAFE)引进到洪都拉斯。在气味上,薇拉沙奇是一款复杂度相当高的咖啡,适合中深烘焙,研磨之后的干香带着香水、花蜜与樱桃的香气,夹杂着肉桂般的香甜香料。

7.卡杜拉(Caturra)

卡杜拉(Caturra)是阿拉比卡品种波旁的一个自然变种,于1937年在巴西被人发现。它的树体没有波旁高大,显得比较矮小。由于继承了波旁的血统,所以卡杜拉的抗病力比较弱,但是产量却高于波旁。虽然发现于巴西,但是卡杜拉却不适合在巴西生长,所以在巴西并没有大规模栽种,而是在中南美洲广为盛行,例如,哥伦比亚、哥斯达黎加、尼加拉瓜都大面积栽种卡杜拉。

8.卡杜艾(Catuai)

卡杜艾(Catuai)是新世界与卡杜拉的混血,可谓是"混二代"。它继承了卡杜拉咖啡树身低的优点,也弥补了卡杜拉果实"弱不禁风"的缺陷,结果扎实,遇强风吹拂不易掉落。最大的遗憾是,它的整体风味比卡杜拉略单调。卡杜艾也有红果、黄果之别,红果相比黄果而言风味更佳。卡杜艾、卡杜拉、新世界、波旁并列为巴西四大主力咖啡品种。

9.帕卡斯(Pacas)

帕卡斯(Pacas)是在萨尔瓦多发现的波旁变种。1935年,萨尔瓦多咖啡农帕卡斯筛选高产能的圣雷蒙波旁(San Ramon Bourbon)品种移入农庄栽植。1956年,他发现农庄里的波旁结果量高于同种咖啡树,于是请佛罗里达大学教授前来鉴定,确定波旁发生基因突变,便以农庄评价之名"帕卡斯"为新品种命名。帕卡斯由于产量高、品质佳,在中美洲颇为流行,也扮演了改良品种的角色。萨尔瓦多目前有68%属波旁品种,29%为帕卡斯,另外3%为卡杜艾、卡杜拉和高贵的帕卡玛拉。

10.帕卡玛拉(Pacamara)

帕卡玛拉(Pacamara)是帕卡斯(Pacas)与象豆(Maragogype)的杂交品种,豆体硕大,仅次于象豆,是萨尔瓦多1958年配出的优良品种,杯测成绩不错。它既有帕卡斯种出色的口感,生豆颗粒同时继承了象豆的大个头,豆体有象豆的70%-80%大,17目以上达100%,18目以上达90%,豆长平均1.03厘米(一般豆为0.8-0.85厘米),豆宽平均

知识拓展

咖啡的目数

0.71厘米(一般豆为0.6—0.65厘米),厚度达0.37厘米,豆形饱满圆润。该品种最大的特色是酸味活泼刁钻,时而有饼干香,时而有水果味,厚度及油脂感极佳。

11.新世界 (Mundo Novo)

新世界 (Mundo Novo)属阿拉比卡的波旁与苏门答腊铁皮卡自然混血的品种,最早在巴西发现。因其产量高、耐病虫害,杯测品质亦佳,被誉为巴西咖啡产业新希望,故取名为“新世界”。新世界虽不曾挤进巴西COE(卓越杯)前三名,但多次出现在前20名榜单内。巴西于1950年以后大肆栽种新世界,其最大缺点是树高常超过3米,不易采收。但新世界的油脂感极佳。

三、罗布斯塔品种特征

罗布斯塔(Coffee Robusta)咖啡品种特征主要如下。

用途:主要用于速溶咖啡。

口感:酸味强烈,口感浓烈;带有明显的苦味,酸度很低,口感醇厚,带有持久余味。

原产地:非洲刚果。

生产国:越南、印尼等产区。

生产量:占全球咖啡总产量20%—30%。

温度与湿度:24—30 ℃,70%—75%,耐高温,耐湿。

高度:海拔200—800米高地。

开花期:均在雨后开花。

结果时间:10—11个月。

外观:圆且长度较短的椭圆形。

香味:浓郁香气与浓烈苦味。

咖啡因含量:1.7%—4.0%(高咖啡因含量减少了咖啡树受到危害的可能性,如湿热环境下真菌感染或虫害)。

适合饮用法:意式浓缩、速溶咖啡。

特点:抗病虫能力强,适应能力强,生长速度迅速,容易栽培。

(一)罗布斯塔原生种

罗布斯塔 (Robusta)又称“大叶种咖啡”,原产于非洲刚果。罗布斯塔抗病、抗虫性强,能耐低地的高温,为容易栽种的低地咖啡树种。其口感苦而不酸,适合制成混合咖啡,占全世界产量的30%,近年来被广泛地栽培。罗布斯塔其实属于卡内弗拉种,也称“刚果种”,这就类似铁皮卡属于阿拉比卡种一样。但卡内弗拉种里仅有一个名为罗布斯塔的品种为人熟知,所以罗布斯塔几乎代替了卡内弗拉成为该种系的代名词。罗布斯塔咖啡豆是一果一豆。外形较圆,呈C形,中间坑纹直,生豆的颜色呈黄棕色。全球的咖啡生长带在南北回归线之间,罗布斯塔也不例外。但罗布斯塔的生长条件不像阿拉比卡那么苛刻,罗布斯塔可以生长在较低的海拔和较高的温度下。罗布斯塔的生长速度比阿拉比卡快,并且对极端天气条件的耐受性更高。罗布斯塔广泛种植在越南、巴西、印度等国家,中国海南也有种植罗布斯塔。罗布斯塔的咖啡因含量在2.7%

—4%，是阿拉比卡的两倍，咖啡因作为植物的天然农药，可以免受于大多数昆虫的侵害。

阿拉比卡的染色体是44条，而罗布斯塔的染色体是22条。一般来说，染色体越多，基因的复杂度越高，更加高级，但阿拉比卡是自花授粉，罗布斯塔是异花授粉。通常情况下，异花授粉得到的植物品质较高——通过异花授粉产生的后代拥有两种亲本植株的遗传性状，从而很可能产生新特性，帮助它在多变的环境中生存下来。所以，自花授粉的阿拉比卡是相当脆弱的，并在不断繁衍的过程中基因会越来越单一（没有外来基因的参与），因此若出现某些病害（如叶锈病）就可能把带有同一基因的咖啡毁灭。而罗布斯塔的强大在于它可以通过不断改变基因去适应环境。

意大利的拼配会在拼配中加入少量的罗布斯塔来提高咖啡的醇厚度，制作出具有更丰富油脂的Espresso（浓缩咖啡）。与阿拉比卡相比，罗布斯塔的咖啡因、氨基酸和绿原酸含量较高。绿原酸是苦涩味的来源，所以罗布斯塔天生就没有阿拉比卡咖啡豆独有的飘逸芳香气味，取而代之的是更醇厚、更低沉的口感，以及核桃、花生、榛果、小麦、谷物等风味，甚至会出现刺鼻的土味，一般用于与阿拉比卡混合做拼配豆或者速溶咖啡。罗布斯塔与阿拉比卡咖啡豆的区别如图2-7所示。

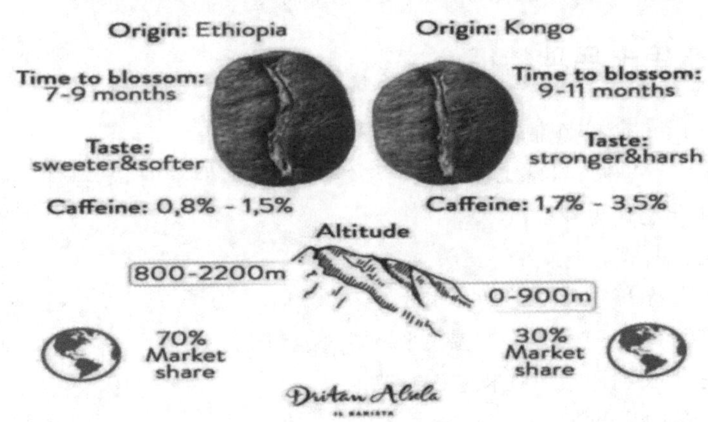

图2-7 罗布斯塔与阿拉比卡咖啡豆的区别

1.提摩（Timor）

提摩（Timor）是在努沙登加拉群岛东端的岛国——东帝汶发现的自然混血品种，为阿拉比卡和罗布斯塔的混种，基因较接近阿拉比卡。虽然提摩的风味平淡无奇，但抗病力强，可以用来培育许多其他的品种，其中包括接下来要介绍的卡蒂姆。提摩的酸味低，缺少特色，中国台湾地区的人们常用它来做低成本的配方豆。

2.卡蒂姆 (Catimor)

1959年，葡萄牙人将巴西的波旁突变种卡杜拉移往东帝汶，与带有罗布斯塔血统的提摩相配，成功培育出抗病力与产能超强的卡蒂姆，即卡蒂姆有着25%的罗布斯塔血统。卡蒂姆的树形偏矮、体积小、分枝多，可以紧凑种植，不需要遮阴也能旺盛生长。卡蒂姆不仅对抗叶锈病能力非常强，还对常见的咖啡浆果病等也具有一定的耐受性，

这更有利于提高咖啡树的挂果率，果实成熟也比其他品种要快，产量自然也会提高。由于叶锈病祸及全球咖啡产国，在国际组织协助下，各产国大力推广卡蒂姆来抵抗叶锈病并提高产能。继承自提摩的罗布斯塔基因，令卡蒂姆能够更好地抵抗咖啡浆果病、叶锈病，同时抗病虫害能力更强，但是也因此在杯测中表现方面比阿拉比卡差。

1904年，我国第一批咖啡树由一位法国传教士引进云南宾川县朱苦拉村种植，从此开启了我国的咖啡种植历程。中华人民共和国成立后，1952年云南农科院科研人员将一批咖啡种在保山潞江坝等地方开始进入规模化种植，距今国内的大规模咖啡种植史也有70余年。当年，为了找到更适宜云南种植的高产抗病品种，云南德宏热带农业科学研究所(DTARI)从1986年开始从事咖啡引种工作。1988年，雀巢在中国云南成立了合资公司，不断扩大咖啡的种植面积。同年，从葡萄牙叶锈病研究中心引入新品种卡蒂姆开始育苗，并于1990年开始在云南普洱试种。由于抗病能力佳、产量高等优势，卡蒂姆被不断推广种植，目前云南绝大多数种植的咖啡都是卡蒂姆。由于卡蒂姆带有部分罗布斯塔基因，造成了卡蒂姆也继承有罗布斯塔的味道缺陷。若将卡蒂姆种植在低海拔下，咖啡味道偏苦，处理不当还会出现刺激的涩味和霉味。而将卡蒂姆种植在1200米及更高的海拔环境下，香气也不够丰富，在许多竞赛上比不上纯正的阿拉比卡，如卡杜拉、卡杜艾等。因此，云南卡蒂姆咖啡的种植与产出都需要进行专业化管理，并完善生豆处理技艺，才能保证产出的咖啡品质。

四、利比里卡品种特征

利比里卡(Libebica)咖啡品种特征主要如下。

口感:风味比较单调，口感上较苦，香气及醇厚度低，但浓度高是其优点。

原产地:西非利比里亚。

生产国:马来西亚。

生产量:不足全球咖啡豆总产量的1%。

温度与湿度:喜欢19－27 ℃的温度和60%的湿度。

高度:一般生长在海拔200米左右的坡地。

开花期:均在雨后开花。

结果时间:10个月。

外观:外形比起一般的咖啡豆大，外皮很厚实，不易去除果皮浆肉，处理过程较麻烦，因此不宜作为商业经济用途进行推广。

香气:香气弱、单调。

特点:比起其他一般咖啡树种的巨大，繁殖可用接枝方式，具有较强抗病力，环境适应力强，利比里卡咖啡树比起其他树种，可在亚热带地区广泛种植。

利比里卡起源于非洲西海岸的利比里亚。直到19世纪才被人们发现并人工种植。由于其树身过于高大，采摘起来非常困难，所以一直没有广泛种植。菲律宾成为利比里卡最大生产国。1890年，全球咖啡叶锈病爆发，东南亚的阿拉比卡咖啡成为叶锈病最大的受害者。菲律宾政府率先寻找带有强壮的抗病性咖啡作为替代品，于是利比里卡首先在菲律宾的八打雁省和卡维特省种植。

知识拓展

利比里亚咖啡树

在所有咖啡种类中，利比里卡的咖啡因含量最低，罗布斯塔含量最高，每100克豆中含有2.26克咖啡因；其次为阿拉比卡咖啡，每100克豆中含1.61克咖啡因；利比里卡每100克豆仅含1.23克咖啡因。尽管利比里卡的咖啡因含量低于阿拉比卡和罗布斯塔，但它的风味确实不好。利比里卡的咖啡风味主调为坚果、黑巧克力的厚重感和烟熏的香气。它具有浓郁的风味，强烈粗壮，甚至带有泥土和木材的味道。与阿拉比卡欢快、愉悦的风味相比，利比里卡的风味显得更加沉重、忧郁。有人甚至将其描述为液态烟草，因为它产生的浓烟熏味和气味与实际的烟草植物相似。菲律宾人甚至将此咖啡称为"Kape Barako"，可理解翻译为"壮汉咖啡"。虽然利比里卡的风味不足，但它的余韵较优秀，回味浓而不烈。利比里卡常被用作速溶咖啡的原材料。在菲律宾，"Kape Barako"成为老一辈早餐必喝的咖啡。在马来西亚，利比里卡咖啡豆被制作为当地的土特产——白咖啡。

阿拉比卡、罗布斯塔、利比里卡三大豆种外形比较如图2-8所示。

图2-8 三大豆种外形比较

（资料来源：https://zhuanlan.zhihu.com/p/345393266.）

任务二 咖啡主产地

一、中南美洲产区

（一）巴西

咖啡是巴西的传统产业，自1960以来，巴西咖啡种植一直位居世界榜首，年均产量为2460万袋（每袋60千克）。2002年，由于风调雨顺和时逢咖啡生产大年，巴西咖啡出

口创种植咖啡多年来的最高纪录，达到4720万袋，比2001年的2813.7万袋增长了约67.8%。巴西咖啡豆和速溶咖啡贸易量年均为13.8亿美元，占世界咖啡贸易量的30%，位居第一(第二是越南，贸易量1220万袋，占13.7%)，欧洲是巴西咖啡的最大买主，购买量占巴西出口量的50%。

咖啡在巴西经济结构中举足轻重。自18世纪种植咖啡以来，咖啡种植迅速扩展，成为巴西重要的种植产业。从19世纪50年代至80年代，咖啡一直是巴西国家的主要经济收入之一。20世纪初至20世纪50年代，巴西咖啡被视为工业化、农业资源转移、城镇工业化的重要产业。从20世纪90年代开始，巴西咖啡进入市场经济，特别是国际跨国公司进入巴西，使农业贸易专业化，为提高咖啡质量和促进国内消费产生了积极的影响。

巴西咖啡产地主要分布在米纳斯、圣艾斯皮里托、圣保罗、巴拉那、朗多尼亚、巴伊亚等州。目前，巴西咖啡植株数达到60亿株，约300万公顷，其中90%的咖啡树龄低于10年。米纳斯是巴西咖啡主产区，占全国产量的48%，圣艾斯皮里托是巴西大粒咖啡的主产区，位居全国第一。

(二)哥伦比亚

18世纪初，随着西班牙殖民者来到哥伦比亚，咖啡随着西班牙神会教职人员到达这个“新大陆”。随着哥伦比亚境内首批收获的咖啡作物出现在哥伦比亚的东北地区，咖啡迅速成为哥伦比亚小型家庭农场的经济作物并被推广到全国各地。但由于哥伦比亚的农民担心种植咖啡的前五年会遭遇到经济困难，故不愿意种植。后来，一位名为弗朗西斯科·罗梅罗(Francisco Romero)的牧师坚信咖啡是哥伦比亚的未来并大力推广，咖啡得以成为哥伦比亚的主要出口作物之一。哥伦比亚咖啡豆直到1835年才首次实现商业化生产，当时的出口总量为2560万袋。

1927年，哥伦比亚国家咖啡种植业者联合会(FNC)成立，哥伦比亚咖啡种植者数量激增。1938年，哥伦比亚当局成立了Cenicafe，旨在帮助哥伦比亚咖啡种植者通过先进的农业技术提高咖啡质量与产量。如今，哥伦比亚咖啡产量位居全球咖啡产量第三。哥伦比亚的咖啡产区主要集中在西北地区，其中较为出名的是“MAM”，即麦德林(Medellin)、阿曼吉亚(Armenia)与马尼札雷斯(Manizales)。而哥伦比亚的精品咖啡豆产区以南部为主，其种植海拔在1500米以上，包括惠兰(Huila)、考卡(Cauca)、桑坦德(Santander)、安提奥基亚(Antioquia)、托利马(Tolima)、娜玲珑(Narino)。

惠兰产区以其咖啡质量而闻名于世，并成为哥伦比亚最大且具有代表性的咖啡产区。惠兰产区地形以山丘为主，咖啡植株在这里的种植海拔在1500米以上，哥伦比亚境内最重要的河流汇合此地，为该产区贡献了丰富的水汽与水资源。惠兰产区出产的咖啡得益于如此优越的条件，品质也是相当优越。

哥伦比亚咖啡占全世界咖啡产量的10%左右，而且哥伦比亚有约200万人都是依靠生产咖啡维持生计的。所以对哥伦比亚而言，生产咖啡在国家经济中占有非常重要的地位。除了排行第一、第二的巴西和越南之外，哥伦比亚是全世界咖啡产量第三的国家。

(三)哥斯达黎加

哥斯达黎加咖啡产业起步早，是中美洲最早种植咖啡的国家，1820年拥有首批咖啡运往哥伦比亚，1854年被英国贵族誉为“黄金豆”，咖啡自此成为哥斯达黎加主要的经济作物，这一发展使得哥斯达黎加咖啡农的地位也变得崇高起来。在哥斯达黎加种植的都是阿拉比卡咖啡树，生豆呈绿色，整体而言为大颗粒，因此咖啡品质较优。在20世纪初，哥斯达黎加政府定下法例，凡位于哥斯达黎加境内的咖啡农庄或种植园，种植的咖啡只能是阿拉比卡种。此外，咖啡农们会常年修剪咖啡树，以让它们保持在2米的高度，以方便采摘，而罗布斯塔种成了境内的“违禁物”。

由于哥斯达黎加咖啡种植地高海拔的落差为当地咖啡树营造了优越的生长环境，当地所产的咖啡风味清淡纯甘、香味怡人，优良的哥斯达黎加咖啡被称为“极硬豆”(SHB)。SHB是指种植于海拔1500米以上的极硬豆，一般海拔越高咖啡豆越好，咖啡风味也更浓郁。哥斯达黎加咖啡通常颗粒饱满，风味清澈，酸质明亮，黏稠度也十分理想，拥有坚果、花香太妃糖味道，风味甜香而迷人。

哥斯达黎加咖啡多半采用水洗处理法。除此之外，也采用蜜处理法，这种处理法与哥斯达黎加密切相关，因为标榜“蜜处理”的咖啡豆在哥斯达黎加很是抢眼，经过蜜处理的咖啡豆甜度颇佳。相比于水洗处理法，蜜处理的咖啡豆甜度比水洗高，酸质中度。喝起来“甜如蜜”的咖啡是哥斯达黎加咖啡的一大特色。

哥斯达黎加咖啡有七大咖啡产区：图里亚尔瓦山谷、中央山谷、西方山谷、三河区、布伦卡、奥罗西、塔拉苏。其中，以中央山谷、塔拉苏以及三河区较为著名。塔拉苏位于该国首都圣何塞的南部，是哥斯达黎加咖啡的主要产地，也是世界主要咖啡产地之一，咖啡种植土壤十分肥沃，排水性好，咖啡产量少，为英国麦卡尔平家族的最近三代人所有。

(四)巴拿马

咖啡最早被欧洲移民者于19世纪带到巴拿马。在过去，巴拿马咖啡的口碑并不是很好，而其产量也只是其邻居哥斯达黎加的1/10，但现在咖啡界对于精品咖啡的关注使得巴拿马对于种植咖啡越来越感兴趣。咖啡种植业在巴拿马占有极为重要的经济地位。巴拿马近百年历史的咖啡厂位于迷人的浓密热带雨林山谷内。

巴拿马的上等咖啡种植在该国西部，即靠近哥斯达黎加、临近太平洋一带。奇里基省博克特(Boquet)产区生产的咖啡较为著名，沃肯(Vocan)、圣塔克拉拉(Santa Clara)也很有名。其他地区则有大卫(David)、瑞马西门图(Remacimeinto)、布加巴(Bugaba)和托莱(Tole)产区。只有那些在海拔1300－1500米的高度种植的咖啡才被视作特别咖啡。巴拿马的地理优势在于这里有很多的有区别性的微气候地区适宜咖啡的种植，并且巴拿马还有着很多执着且专业的咖啡种植农。

巴拿马咖啡种植最重要的庄园是Esmeralda庄园，这个庄园属于并由Peterson家族经营。当咖啡的商品价格还相对较低的时候，巴拿马精品咖啡协会组织了一场名为“最优巴拿马”的比赛，从巴拿马不同地区带来的咖啡豆被评测排名并在线上进行公开

拍卖。Esmeralda庄园中多年来一直种植一种名为"Geisha"的咖啡，这次拍卖使得他们的咖啡被更多的人所知道。2004—2007年，他们连续4年赢得这个比赛的第一名。之后，在2009年、2010年、2013年又再次赢得比赛。并不停地打破纪录，2004年被定价至21美元/磅，紧接着到2010年其价格升至170美元/磅。在2013年，其中很小的一部分日晒处理咖啡被卖至350.25美元/磅，是有史以来该庄园咖啡卖到的最高价格。不像其他的一些高价咖啡(如猫屎咖啡、蓝山咖啡)，这个庄园的咖啡品质真正达到了其价格水平，庄园咖啡喝起来非比寻常，有明亮且很强的花香和柑橘味道，喝起来茶感十足。这些都来源于"Geisha"这个品种的优势。

(五)牙买加

蓝山山脉位于牙买加岛东部，环绕着加勒比海，每当天气晴朗的日子，太阳直射在蔚蓝的海面上，山峰上反射出海水璀璨的蓝色光芒，故称为"蓝山"。蓝山山脉拥有肥沃的火山灰土壤，空气清新，气候湿润，终年多雾多雨，这样的气候造就了享誉世界的牙买加蓝山咖啡，同时也造就了世界上昂贵的咖啡。

蓝山山脉的咖啡分三个等级：牙买加蓝山咖啡(Jamaica Blue Mountain)、高山咖啡(Jamaica High Mountain)和牙买加咖啡(Jamaica Low Mountain or Jamaica Supreme)。种植在海拔1500英尺(1英尺=0.3048米)以下的咖啡称为牙买加咖啡，种植在海拔1500—3000英尺的咖啡被称为高山咖啡，种植在海拔3000—5000英尺的咖啡才能叫牙买加蓝山咖啡。价格上，牙买加蓝山咖啡要比高山咖啡高出数倍之多。牙买加蓝山咖啡又分为No.2及No.1，而No.1就是其中顶级的了。出产顶级的牙买加蓝山咖啡的区域目前有Wallenford Estate、Mavis Bank、Old Tavern、RSW Estate等，其中Wallenford Estate是唯一特殊的牙买加国有的处理厂。牙买加蓝山咖啡的法定生产区域为3000—5000英尺。Wallenford Estate只挑选生长于海拔4000英尺以上的牙买加蓝山咖啡豆加工。而Wallenford Estate出产的牙买加蓝山咖啡更是被誉为"Superior Quality"。全世界咖啡老饕对所有牙买加蓝山庄园的评价中，Wallenford Estate在品质管理、稳定度、知名度和风味中表现最佳。

二、非洲产区

(一)埃塞俄比亚

埃塞俄比亚拥有得天独厚的自然条件，适宜种植所有可以想象出来的咖啡品种。埃塞俄比亚的咖啡豆作为高地作物主要种植在海拔1100—2300米的地区范围内，大致分布在埃塞俄比亚南部地区。深土、排水性好的土壤、弱酸性土壤、红土以及土质松软且含有壤土的土地适宜种植咖啡豆，因为这些土壤营养丰富而且腐殖质供应充足。埃塞俄比亚在7个月的雨季中降水分布均匀；在植物生长周期内，果实会从开花到结果并且作物每年会增长900—2700毫米，而气温在整个生长周期内在15—24 ℃的范围内波动。

埃塞俄比亚的咖啡豆生长在接近自然的环境中，经过多年在同样生长条件下种

植，目前埃塞俄比亚咖啡豆已经逐渐适应了这里的环境。超过60%的咖啡豆为森林产咖啡或者半森林产咖啡。大面积种植咖啡的村庄所生产的咖啡大约占到了全国咖啡总产量的35%，这些采用多层咖啡种植体系的咖啡种植农场得到了精心护理。咖啡种植农户并不使用化学肥料，而是使用落叶、动植物残骸增加土壤营养，除了咖啡，农户还频繁种植非咖啡作物，甚至连占全国咖啡总产量5%的庄园咖啡（由国有农场生产的咖啡）也呈现出森林类咖啡生产的特性。

在得天独厚的自然条件下，埃塞俄比亚每年生产出独一无二的高品质咖啡。埃塞俄比亚的咖啡种植周期每年会为国家带来收获的喜悦。美丽的白色咖啡花会在每年的3—4月竞相开放并相继结出果实。只有成色较红且生长成熟的果实才会在9—12月被选中作为咖啡原料。埃塞俄比亚新咖啡的出口从每年11—12月开始。在埃塞俄比亚的西南部高地，卡法（Kaffa）、谢卡（Sheka）、吉拉（Gera）、里姆（Limu）以及亚宇（Yayu）森林咖啡生态系统被认为是阿拉比卡咖啡的故乡。这些森林生态系统同样拥有各种具有药效的植物、野生动物以及濒危物种。

（二）肯尼亚

咖啡在19世纪进入肯尼亚，当时埃塞俄比亚的咖啡饮品经由南也门进口到肯尼亚。但直到20世纪初，波旁咖啡树才由圣·奥斯汀使团(St. Austin Mission)引入。

肯尼亚咖啡大多生长在海拔1500—2100米的地方，一年中收获两次。为确保只有成熟的浆果被采摘，人们必须在林间巡回检查，来回大约7次。肯尼亚咖啡由小耕农种植，收获咖啡后，先把鲜咖啡豆送到合作清洗站，由清洗站将洗过晒干的咖啡以“羊皮纸咖啡豆”(即带内果皮的咖啡豆，是咖啡豆去皮前的最后状态)的状态送到合作社。所有的咖啡都收集在一起，种植者根据其实际的质量按平均价格要价。这种买卖方法总体上运行良好，对种植者及消费者都很公平。

肯尼亚政府极其认真地对待咖啡产业，砍伐或毁坏咖啡树是非法的。肯尼亚咖啡的购买者均是世界级的优质咖啡购买商，也没有任何国家能像肯尼亚这样连续地种植、生产和销售咖啡。所有咖啡豆首先由肯尼亚咖啡委员会(Coffee Board of Kenya, CBK)收购，在此进行鉴定、评级，然后在每周的拍卖会上出售，拍卖时不再分等级。肯尼亚咖啡委员会只起代理作用，收集咖啡样品，将样品分发给购买商，以便于他们判定价格和质量。

肯尼亚咖啡委员会一般付给种植者低于市场价的价格。肯尼亚豆制定有严格的分级制，水洗处理厂取出的咖啡豆，依大小、形状和硬度，区分为5个等级，最高级为PB，其次依序为AA＋＋、AA＋、AA、AB。这种分级制类似哥伦比亚，主要以颗粒大小和外形为考量依据。

（三）乌干达

乌干达咖啡产量居非洲前列，占其出口总量的70%以上，同时，乌干达还是罗布斯塔特种咖啡的故乡及主要产区。20世纪60年代，乌干达咖啡产量保持在每年350万

袋。到了20世纪80年代中期，由于政治原因，咖啡产量下降到每年250万袋。但是现在咖啡生产又有回升趋势，目前大约是每年300万袋。乌干达咖啡主要出口至欧盟，其中，瑞典、意大利等国为其较大的咖啡购买国。乌干达咖啡豆具有口感清香的独特韵味，非常适合制作意式和其他口味的咖啡，更重要的是，乌干达咖啡豆均按照国际市场的标准进行严格筛选，以确保其高品质、无污染的特性。

非洲是咖啡的两大品种阿拉比卡和罗布斯塔的故乡，而位于非洲东部的享有“高原水乡”“东非明珠”之美称的乌干达则被许多人信奉为罗布斯塔的发源地。乌干达是非洲东部内陆国家，横跨赤道，东邻肯尼亚，南接坦桑尼亚和卢旺达，西接刚果(金)，北连苏丹。全境大部位于中非高原，多湖，平均海拔在1000—1200米，山间湖泊高原较多，有“高原水乡”之称。东非大裂谷的西支纵贯西部国境，谷底河湖众多。乌干达有一个维多利亚大湖，加上境内多高山，使得乌干达虽然跨越赤道两侧，却气候温和，适合栽种咖啡。

(四)坦桑尼亚

坦桑尼亚的咖啡也在德国和英国殖民者的手中得以发展，从很早起就深得欧洲人的喜爱，跻身于名品的行列中。而使坦桑尼亚咖啡出名的最有利的因素就是海明威和他的小说。从海明威旅法踏上作家之路时起，就和坦桑尼亚、乞力马扎罗山浑然连为一体。海明威成名之后，坦桑尼亚咖啡也随之声名鹊起。

欧洲人赋予坦桑尼亚咖啡“咖啡绅士”的别名，使其登峰造极，并和“咖啡之王”蓝山、“咖啡贵夫人”摩卡并称为“咖啡三剑客”。坦桑尼亚的乞力马扎罗山(“乞力马”意为山，“扎罗”指光芒四射)海拔5895米，与梅鲁山相连，是坦桑尼亚主要的咖啡生产基地。位于梅鲁山南坡的摩西和阿勒夏地区，也出产大量优质咖啡豆。85%的坦桑尼亚咖啡都是在小型农场里种植的。以上地区生产的咖啡，在国际市场上销售时，商标通常为“Pride of Kilimanjaro”(乞力马扎罗的骄傲)、“Peaks of Kilimanjaro”(乞力马扎罗之巅)、“坦桑尼亚摩西”或“坦桑尼亚阿勒夏”。坦桑尼亚目前咖啡年产量5万吨，为非洲第四大咖啡生产国。

三、亚太产区

(一)也门

也门位处亚洲，隔着红海和东非的埃塞俄比亚相望，是高品质的自然日晒法咖啡生产国。也门生产的咖啡被称为摩卡豆，事实上摩卡是一个咖啡出口港，包含附近的东非。日晒豆早期都是从摩卡港输出至世界各地，所以人们把这一带包含也门及东非的埃塞俄比亚生产的日晒豆统称为摩卡豆。

也门咖啡的自然日晒处理法是以人工采收完全成熟的咖啡豆后直接把刚采收的咖啡豆置于专门的咖啡晒场或自家压实的泥土前院接受日晒。日晒期间，一般要用木耙翻动，以保持每颗豆子均匀晒干。大约20天，咖啡干燥完成后，再把外层的果肉和果皮去除，取出咖啡豆。也门咖啡风味丰富、复杂、狂放、醇厚，具有强劲的发酵味与酸质

较低的特质，加上也门咖啡常蕴藏一个不确定的因子——当季降雨的时间，让人捉摸不定，所以称其为“世界上最特别的咖啡”一点都不为过。也门咖啡生长在地势陡峭、降雨少、土地贫瘠、阳光不够充足的丘陵地带，这样独特、艰难，不利于咖啡生长的条件，却孕育出咖啡世界无以取代的也门摩卡。

也门位于欧亚大陆的阿拉伯半岛，隔着红海与非洲对望，生产的咖啡豆也会被归类为非洲豆。提到也门，大多数人直接联想到的就是摩卡。事实上，摩卡是也门的一个港口，从前几乎所有附件的咖啡都是从摩卡港出口，所有摩卡就变成了咖啡的代名词而一直沿用至今，不过摩卡港老早就因为淤塞而消失了。但是因为传统上的习惯使然，所以还有许多其他国家的咖啡豆（例如干燥法处理的埃塞俄比亚豆）依然标示着“摩卡”。“摩卡”这个词的拼法有很多，如Moka、Mocha、Mocca等，不过“Mokha”最接近阿拉伯原文。也门有几个著名的产区，如萨那尼（San'ani）、马塔里（Mattari）、希拉里（Hirazi）、雷米（Rimy）等，这些产区生产许多高品质的日晒豆。因为是日晒处理，所以咖啡豆的大小常常不会一致，有时候还会掺杂一些玉米等谷类；也因为是日晒豆，所以味道带着日晒的感觉与狂野的风味。总体来说，也门咖啡性格独特，野性强、复杂、刺激，尤其是迷人的葡萄酒酸与深厚的黑巧克力味道让许多人喜爱，然而也有人认为也门的咖啡豆偏苦。

（二）印度尼西亚

1696年，荷兰驻雅加达总督种植下第一批咖啡苗，不幸被洪水摧毁。1699年，咖啡苗再次种植成功，并于1701年迎来收获，开启了印尼长达几个世纪的咖啡之旅。1711年，印尼咖啡开始供应欧洲市场，直到18世纪80年代，印尼成为当时世界上最大的咖啡出口地。然而，到了18世纪末，一场叶锈病席卷了印尼的咖啡种植庄园，印尼的咖啡贸易首领地位最终被美洲取代。

据印尼农业部统计，截至2015年，印尼全国约有95.5万公顷咖啡种植园仍在生产，有190万农户以此为生，92%的咖啡产量来自个体农户，只有8%来自国营庄园。印尼素有“千岛之国”之称，在大大小小的岛屿之上，极负盛名的咖啡产区有三处：爪哇、苏门答腊、苏拉威西。

1.爪哇

爪哇是印尼最早种植咖啡的地区。著名的爪哇摩卡，是以爪哇咖啡混合也门摩卡而成，代表了一个时代的咖啡印象。尽管爪哇咖啡仅占印尼咖啡总产量的一成左右，但其作为一种具有酸味和个性化苦味的良种，仍然是印尼精品咖啡的重要构成部分。

2.苏门答腊

苏门答腊是印尼咖啡最大的产地，其狭长的地形和高温多雨的气候为咖啡生长提供了非常有利的自然条件。知名的“绅士咖啡”——曼特宁即出产于此地。曼特宁咖啡口感丰富扎实，有着令人愉悦的酸味，同时气味香醇，酸度适中，甜味十分耐人寻味，适合深度烘焙。

3.苏拉威西

苏拉威西是经常提到的地方——美娜多和布纳肯的所在地。美娜多正是苏拉威西的省会。苏拉威西受陆地板块挤压，海拔在500米以上，苏拉威西咖啡豆是口感雅致

的印尼咖啡，拥有浓郁、深沉、丰沛的香气，酸度极低、香醇浓滑且温柔顺畅，并带有大地的草本气息，因此受到日本市场的欢迎。

（三）越南

咖啡对于越南人民来说，是引以为豪的文化特色之一，越南咖啡是在1860年左右，由法国耶稣会传教士带到越南的，在近150年的历史里，越南逐渐发展出自己特有的咖啡文化。越南咖啡种植最多的是经济效益最好的罗布斯塔咖啡，其栽种海拔较低，品种也多为气味较差、酸味不足而苦味有余的咖啡品种。越南地处热带，同时又处于低海拔、多平地的地形气候，通过高密度种植、大量灌溉、不种植遮阴树以获得咖啡的最大产量。正因为此，越南成为亚洲第一大咖啡出产国，也是世界第二大咖啡原产地。

（四）中国

1.海南

在海南，有两个以咖啡出名的地方，一个是澄迈福山，另一个是万宁兴隆。海南是我国咖啡生产的主要基地，早在1908年就从马来西亚引进咖啡种苗，在文昌大量种植。文昌有几棵约100年高龄的咖啡树，至今仍枝繁叶茂，果实累累，被称为“百年咖啡树”。

海南咖啡被赞是“国际上质量最好的咖啡”，原因是咖啡适宜生长的地区在25°N—30°S，海南就恰好处于这个地带的黄金地点上，昼夜温度的适度让其种植的咖啡没有南美、印度及非洲等地的浓苦味。海南咖啡浓而不苦、香而不烈，且带一点果味，非常独特，是咖啡中的上品。海南咖啡加工精细，每年咖啡豆成熟便及时采摘，按其成熟程度、色泽、大小分开归类晾晒。然后将晒干的咖啡豆用慢火焙炒，一边翻炒，一边加入适量的奶油和白糖，焙炒至咖啡和配料均匀分布，黏成一片，轻敲即散为止。

福山地区的咖啡豆，结实、粒大、均匀、饱满，真正的福山100%纯咖啡，是不加糖和香料焙炒的，具有浓郁、香醇、顺滑的优秀品质，富有海南福山地区特有的地方咖啡味，又具有印尼苏门答腊岛的曼特宁咖啡品质特性。

2.云南

云南咖啡是阿拉比卡种，国内俗称“云南小粒咖啡”。云南优质的地理气候条件为咖啡生长提供了良好的条件。云南咖啡多数植在海拔1100米以上，所以酸味适中、香味浓郁且醇和，因此云南小粒咖啡高于国外的其他咖啡品种。由于得天独厚的地理环境和气候条件，云南咖啡形成了浓而不苦、香而不烈、略带果酸的独特风味。

云南咖啡产量较大，占全国总产量的90%以上。法国天主传教士田德能（中国名）1896年被巴黎外方传教会派到中国云南，1904年进入宾川传教，因其传教和饮用咖啡习惯的需要，获得他的同事从越南中部邦美蜀通过滇越铁路带来大理教区的咖啡苗。同年，田德能将咖啡苗送至朱苦拉村天主教堂的后墙下种植，迄今已有100多年的历史。

云南优质的地理气候条件为咖啡生长提供了良好的条件，种植区有临沧、保山、思茅、西双版纳、德宏等地。云南的自然条件与哥伦比亚十分相似，即低纬度、高海拔、昼

夜温差大，出产的小粒咖啡经杯品质量分析，属醇香型，其质量口感类似于哥伦比亚咖啡。

教学互动

尝试绘制咖啡品种谱系表。

项目小结

本项目主要介绍了咖啡的品种、特征以及咖啡的主要场地等内容。学生通过学习，能够进一步走进咖啡的世界，了解咖啡的知识体系，为后面的咖啡制作与品鉴打下坚实的理论基础。

项目训练

1. 简述咖啡的主要品种。
2. 概括咖啡三大品种的特征。

项目三
咖啡豆的种植与加工

项目描述

咖啡从农场到烘焙厂,经历了一段漫长的旅程。每一个环节经历的每一双手,都决定着咖啡最终的品质。这一切的前置工作,从农业一直跨越到了贸易环节。下面让我们从咖啡生长的地方开始,依循这一顺序,开始一段漫漫咖啡之旅吧!

项目目标

知识目标

1. 了解咖啡种植的六大基础要素。
2. 了解咖啡从育苗到定植的过程,以及大田维护应当注意的要素。
3. 掌握咖啡从采摘到加工的过程,以及不同采收和加工标准带来的差异。
4. 了解咖啡作为原材料,从加工厂到烘焙厂历经的主要环节。

能力目标

学习并掌握咖啡生豆的瑕疵辨识。

素质目标

了解云南本地咖啡种植和加工过程,了解云南咖啡产业标准。

知识导图

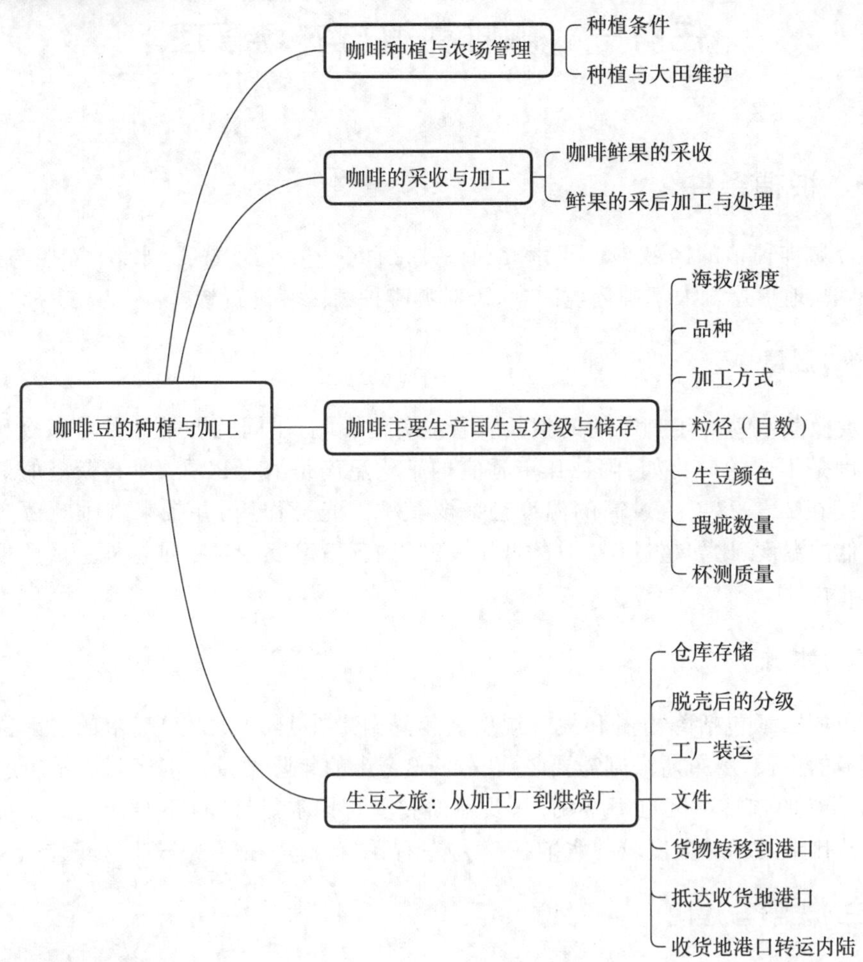

学习重点

1. 咖啡豆采后的加工处理方式。
2. 咖啡生豆的分级。

学习难点

咖啡生豆的分级标准。

项目导入

咖啡的种植需要在一定自然环境下成长，从种子到杯子都需要一个完整而复杂的过程，咖啡的采摘、处理、加工也自然是其成为好咖啡的基石。

任务一　咖啡种植与农场管理

一、种植条件

适合咖啡种植的区域多位于南北回归线之间，一般根据温度、水源、光照与遮阴、风力、土壤、地形这六大基础环境因素，来对咖啡种植区域进行选择。

（一）温度

温度及其波动对于咖啡树的生长有着显著的影响，不同的咖啡品种对寒冷和高温的敏感度是不同的。比如，阿拉比卡适宜的平均温度是18－22 ℃；罗布斯塔的最佳年平均温度在22－28 ℃。过高的温度会减弱植株的光合作用，并带来咖啡叶锈病的风险。过低的温度，比如超过6小时的低于－2 ℃的环境温度会对咖啡植株造成严重的伤害甚至死亡。

（二）水源

水源的因素包括降雨量和大气湿度。年降雨量在1400－2000毫米的产区有利于阿拉比卡的生长，罗布斯塔则需要2000－2500毫米的年降雨量。但年降水量超过2500－3000毫米的咖啡产区也很常见，只要地面和垂直排水足够，也不会产生太多负面影响。阿拉比卡的相对湿度较佳水准在60％左右，罗布斯塔在70％－75％较佳。

（三）光照与遮阴

所有的咖啡植物都是天生的蔽日植物。但当提供了足量肥料的前提下，尤其是氮，阳光也可以在一定程度上提高生产力。为获得更好的生长条件，咖啡年平均光照以2200－2400小时为佳。咖啡树的树冠具备自动遮阴的效果，尤其是在多云的地区，遮阴树的设置不需要过多增加。但在特定的情况下是非常有必要的，因为它可以减弱极端高温和低温的影响，甚至在一定程度上可以改善咖啡的风味品质。另外，遮阴树还能减少侵蚀的风险，限制杂草的生长，并产生土表覆盖物，保护土壤中的有机物质，有些豆科植物也能起到固氮的作用。大多数情况下，作为咖啡间混作作物种植的树木，其目的并不在荫蔽，而是使咖啡产地作物多样化，并提供可观的额外收入。

（四）风力

强风不适合咖啡树的生长，有时会使得树枝断裂甚至植株的倒伏，特别是在轻质或者浅层土壤中。强度较小但持续时间长的风，对咖啡树来说可能也是有害的，过度地蒸散水分会导致咖啡树枝条枯萎，并且使接近成熟的花和果实产生瑕疵，在这样的情况下，可以采用遮阴树和防风林来减少影响。

（五）土壤

咖啡植物种植的土壤深度至少要有2米，在干旱的地区，土壤应该更深。推荐种植咖啡的理想土壤类型应为深层，有渗透性、微酸性和多孔性特征，即地质良好、结构良好、肥力良好且具备高保水力。

（六）地形

平坦或者稍有起伏的山丘非常适合设置咖啡种植园。除了能提供良好的保水能力的深层土壤，还可以让机械化容易得多，也可以降低许多耕作和采摘成本。如果种植园安排在坡度大于5%的地区，则应该沿着等高线种植咖啡。其目的是破坏降雨径流的向下流动，并将径流收集和输送到主要水道，将水输送到排水渠。

二、种植与大田维护

咖啡植株从种子萌芽到第一次开花挂果，至少需要3年的时间。从种子开始，3—5年才可以产出首批具备商业价值的咖啡生豆。一棵管理养护得当的咖啡树，可以持续挂果80年甚至更久。但是在咖啡种植园中的咖啡树，经济寿命很少有超过30年的。

（一）种子

咖啡的种子没有冬眠期，因此种子必须在成熟之后尽快进行育苗。育苗种子的含水率不可以少于50%，这可以让种子的萌发率大大提高，甚至接近90%。如若要对种子进行封存，应保留羊皮纸，在不超过40℃的环境下，缓慢地使其干燥至12%—13%的含水率，然后在10—15℃的恒温环境下保存，前几个月的萌发率依然较为理想。

（二）萌发

首先，应当选择健康的咖啡种子育苗，而咖啡的萌芽期十分缓慢，需要在合适的环境条件下，于30—60天发芽。这需要为种子提供高环境湿度：30—35℃的环境温度；土壤温度为28—30℃。若在播种前，将羊皮纸脱去，萌发时间会缩短6—7天。在播种前24小时，将种子进入水中也可以加速萌芽期的到来。在播种约10周后，羊皮纸自动裂开，两片子叶展开，根部系统生成侧根和丝锥根。在播种3个月后，两片子叶之间的顶芽形成第一片真叶（见图3-1）。

（三）定植

咖啡植株应选在雨季开始定植，苗圃的植株长出6对或更多对叶片之后才能从苗圃进行移植。通常植株间距在0.8—1.5米，行间距在1.8—2米或者更高的间距。每个种植穴直径在30—40厘米、深度40厘米。

（四）大田维护

定植后，应开展包括除草、施肥、修剪枝、灌溉、防冻、荫蔽管理、病虫害防治和采收

等在内的管理活动，以维持咖啡农场生产的顺利进行。

图3-1　育苗棚内的咖啡幼苗

任务二　咖啡的采收与加工

一、咖啡鲜果的采收

咖啡鲜果的采收可以根据生产不同质量的咖啡为目的（精品级别或商业级别）进行实际的采收方式选择；或者考虑实际生产条件，比如劳动力成本与可用劳动力；又或者根据计划的加工处理方式进行采收。

（一）采收的方式

咖啡鲜果采收的方式主要可以分为两种，分别是选择性采摘和非选择性采摘。由于咖啡树并非同时期集中地开花，因此可能会有几个采收期。在一些国家，一株咖啡树可在整个采收期分10次采收，以便摘完所有的果实。当实行选择性采摘时，采摘者只能采收成熟的咖啡果（见图3-2）。若实行非选择性采收，则应采收大致成熟的咖啡果，或一次性采收完所有的果实。但这就意味着咖啡鲜果的质量可能良莠不齐，直接影响到生豆质量。此外，还可以进行机械采收，但前提是需要种植园的地址平缓，方便

图3-2　精细采摘成熟度高且一致的鲜果

机械设备的行进和操作。

(二)理想的采收

对于精品咖啡而言,理想的采收方式是仅采收新鲜、成熟的咖啡果,这样不仅对咖啡树的损害最小,同时也能使咖啡原材料——鲜果的质量有最大限度的保证。据估计,一名工人每天可以采收120千克新鲜咖啡果,但这取决于咖啡树产量、生长环境、采收的品种、工人培训、种植密度以及其他因素。不管在世界上何处,都不太可能采收全部成熟的咖啡果。然而,如果可以花时间对采收人员进行培训指导,告知他们要采收的咖啡果的恰当与理想颜色范围,则可极大地提高批次的质量。

咖啡农场提高成熟咖啡果质量的另一个方法是雇佣工人对送达加工厂的咖啡果进行重新分类,或者投入鲜果色选设备及生产动线;又或者通过高回报的激励政策,鼓励采摘者进行精细化采摘。但是,精细化、选择性的采摘又意味着人工成本的增加,若精品咖啡市场销售良好,这种投资也是值得的。

(三)非选择性成片采收

非选择性成片采收指的是不管咖啡果的成熟度与颜色是否一致,都一次性采收所有的咖啡果。在这种情况下,估计一名工人每天可成片采收的重量为最高250千克。可以考虑一些机械采收辅助措施,尤其是在产季末的尾果采收的时候。这种采收方式最不具有可选性,但可以提高每日产量,比如目前巴西应用的手持式设备。5%以下的未成熟果实是采收的理想状态,否则采收就应该延期,但是等待期总是有风险。因为咖啡果在等待采收、加工的时间里,果实会进一步成熟,过度成熟的咖啡果也会越来越多。

(四)风险规避

无论是选择性采收或是非选择采收,我们应当清楚的是,咖啡鲜果的质量是生产高质量咖啡生豆的前提。发霉、有菌、有过度发酵或大量异物情况的咖啡应分开加工,避免潜在交叉污染。如有必要,将每天从最高质量到最低质量咖啡分批次进行顺序加工,以避免交叉污染。

二、鲜果的采后加工与处理

(一)咖啡初加工简史

咖啡加工历史可大致分为三个时间与文化划分,或称之为“三波”。

第一波始于埃塞俄比亚,当咖啡刚开始成为经济作物时,然后逐渐扩展至阿拉伯半岛,此时仅有自然加工方法(日晒处理)——将完整的咖啡果进行干燥。这些地区都具有干燥条件,自然加工方法足够将咖啡成功干燥,用于后续脱壳与出售。

受欧洲殖民政策与工业革命这两个历史事件的影响,19世纪中叶,最初的天然加工阶段已经很大程度上被取代了。咖啡已经成为世界上热带地区欧洲殖民地常见的

经济作物，从印度尼西亚、加勒比到南美洲均是如此。咖啡树逐渐适应了不同的生长条件，有些产区在采收期相对湿度较高，因此使用自然加工方法干燥咖啡豆很困难。工业革命带来了克服此困难的科技，大批量的生产质量如一的咖啡，允许咖啡种植户除去咖啡果肉和黏胶，更加快速地干燥咖啡，同时降低发酵、发霉或其他生物学风险与异味。湿法加工（水洗处理）在大部分生产国成为标准加工方法，此即第二波加工方法。自然加工方法基本上被边缘化了，只有缺乏经济条件或不想生产更高质量产品的种植户才会应用自然加工方法。

但是，随着20世纪末21世纪初精品咖啡浪潮的发展，第三波加工方法兴起。随着消费市场多样化需求的增加，尝试不同加工方式也成了咖啡种植户探索更多具有风味潜力的咖啡加工主要手段之一。

（二）处理法分类

简单来说，咖啡初加工的目标是将采收的咖啡果变成干燥的咖啡生豆，以方便储存和交易。这包括两个主要部分：一是将咖啡豆从果实中取出，二是将咖啡豆干燥成有目标水分的咖啡生豆。这两个主要步骤结束之后，必须进行更多其他加工程序，包括接收、加工、干燥、储藏、脱壳、分级等。除了原材（咖啡鲜果）的质量外，以上的加工程序将决定最终产品的质量。

在咖啡鲜果干燥前，可采用不同方式进行采后初加工。利用不同的方式，在不同的阶段选择去除咖啡鲜果的不同结构，最终干燥到生豆目标含水率（8%－13%）。常见的初加工方式如下。

1. 自然干燥

此加工方式也被称为日晒处理法。在果实干燥加工时，果实带有完整果皮（内果皮、中果皮、外果皮）进行干燥。该加工方式的优势是成本低廉，只需要定量人工和足够大的晾晒场地，就可以利用日光干燥咖啡豆。但由于生产地的气候变化莫测，又由于该加工方式所需要的干燥周期较长（通常需要至少3周），自然晾晒的咖啡面临着降雨、返潮的风险，整体可控性低，均匀性、一致性差，因此往往需要更多的预先规划和应急手段来规避生产风险。

又因自然干燥加工方式保留了咖啡鲜果的完整度（见图3-3），意味着发酵的“底

图3-3　正在发酵中的咖啡鲜果

Note

物”——糖分保留最多,在咖啡发酵时产生风味副产物的潜力就更大,咖啡风味具备更多、更丰富的特质,在精细的生产管控中,此方式仍然被广泛应用。

2. 半水洗半日晒

半水洗半日晒也常被称为“蜜处理”(见图3-4)。“蜜处理”一词指的是咖啡果除去果肉(外果皮与部分中果皮)进行干燥,但内果皮与部分中果皮依然保留的工艺。“蜜处理”最早出现于20世纪90年代的巴西。之后的十多年,中美洲的几个国家开始逐步尝试使用此工艺。根据去除果胶内果皮后的最终颜色,加工后的咖啡可称之为“黑蜜”“红蜜”“金蜜”等。果胶的最终颜色取决于去皮后依然黏在咖啡豆上的果胶的数量。但是,影响果胶颜色的因素也受到温度和干燥时间的影响。

图3-4 日光干燥中的蜜处理咖啡

3. 水洗处理

水洗处理与“蜜处理”一样,是将咖啡鲜果先进行初步去皮,然后将剩余的所有果胶都除去,只保留完整的内果皮。在去皮后,依然黏在内果皮上的果胶可通过机械去除或通过发酵等生物工艺去除。根据剩余果胶去除的不同方式,这一加工程序也可被细分为湿法加工、机械脱胶等。

4. 湿刨法

湿刨法也被称为“种子干燥法”,常见于印尼咖啡产区。从字面上,我们不难理解该加工工艺的特点。它指的是除去咖啡果肉、外果皮与部分中果皮,将种子进行干燥加工的一种生产工艺。

任务三 咖啡主要生产国生豆分级与储存

生豆分级的目的主要是生产大量同等品质的、符合质量标准的生豆,从而形成一个公平的定价体系。目前,市场上生豆分级系统的发展也常常是为了响应生豆买方对于质量的要求。然而,生豆分级体系并没有被统一地执行,不同的国家及地区有不同

的分级体系。各个咖啡生产国都会根据其自身的情况，制定出适合自己的生豆分级体系，并经常用来作为销售出口的最低标准。

被广泛应用的生豆分级项目主要包含以下7个：海拔/密度；品种；加工方式；粒径（目数）；生豆颜色；瑕疵数量；杯测质量等。

一、海拔/密度

咖啡种植的海拔会直接影响到咖啡生豆的密度。在相同地区的前提下，高海拔种植的咖啡生长得更为缓慢，这造就了更高的密度和更好的风味潜质。很多中美洲产国，例如哥伦比亚、危地马拉等，常常以海拔或密度作为依据，设立咖啡生豆的分级标准。

二、品种

某些具备风味优势或较为小众的品种，区别于常规品种也会具备一定的溢价空间。例如瑰夏、帕卡马拉等。

三、加工方式

随着加工处理工艺的不断精进，咖啡生豆的处理方法更为多样。某些具备更高风味潜质，或者加工成本更高的特殊处理法，也可能会有其单独的分级标准，并伴随一定的溢价。

四、粒径（目数）

咖啡生豆通用的目数标准为一目=1/64英寸。例如，18目的粒径尺寸为18×1/64英寸，转换成厘米约为0.7厘米。以粒径作为主要分级依据的产国是肯尼亚，颗粒更大的AA级相比AB的等级更高，定价也更贵。但这并不代表大粒径一定比小粒径的风味更胜一筹。粒径对于咖啡杯中风味的贡献主要在于：当一批咖啡的粒径跨度越小，就意味着这个批次的咖啡颗粒大小越均匀，在烘焙时就更利于烘焙结果的稳定性和均匀度。在生豆脱壳工厂中，振动筛会分离粒径过大以及粒径过小的碎豆、未熟豆等。这能有效筛除更多的瑕疵豆，从而提高整体品质。有时也会根据买方要求，来筛选不同粒径跨度。用于咖啡生豆粒径筛选的标准目数筛如图3-5所示。

图3-5 用于咖啡生豆粒径筛选的标准目数筛

五、生豆颜色

随着咖啡生豆的不断陈化，其颜色也会从起初的蓝绿色（水洗处理）逐渐向黄色转变，直至变灰白。所以，颜色也成为判断咖啡质量等级的依据之一。

六、瑕疵数量

常见的生豆瑕疵主要包括黑豆、酸豆、霉菌豆、异物、虫蛀豆、干果、带壳豆、漂浮豆、未熟豆、萎缩豆、贝壳豆、破损豆、果壳等。这些瑕疵类型反映了咖啡在生产的不同环节中产生的问题。在精品等级中，这些瑕疵将按照其对风味影响的严重程度和对后续生产环节产生的风险来计算瑕疵点数。在一些商业等级的咖啡豆中，常按照瑕疵的重量占总重量的比例来体现咖啡生豆的质量。在实际交易中，生豆瑕疵和数量也常作为买卖合同中的约定依据。SCAA规定的16种生豆瑕疵如图3-6所示。

Sample Weights:
样品重量：

Green Coffee 350g（生豆350克）
Roast Coffee 100g（烘焙豆100克）

Specialty Grade:
精品级别：
No Category Ⅰ Defects Allowed
无一级瑕疵
No More Than 5 Secondary Defects
少于等于5个二级瑕疵

For roasted:
烘焙咖啡：
Specialty Grade：0 Quakers
精品：0个（败豆）未熟咖啡豆

Category 1 Defects 一级瑕疵	Full Defecte Quivaients 全瑕疵等量颗数	Category 2 Defects 二级瑕疵	Full Defecte Quivaients 全瑕疵等量颗数
Full Black全黑豆	1	Partial Black 局部黑豆	3
Full Sour全酸豆	1	Partial Sour 局部酸豆	3
Dried Cherry/Pod 干浆果/豆荚	1	Parchment 带壳豆	5
Fungus Damaged 霉菌豆	1	Floater漂浮豆	5
Forelgn Matter异物	1	Lmmature未熟豆	5
Severe Insect damage严重虫蛀豆	1	Withered死豆	5
		Shell贝壳豆	5
		Broken/Chlpped/Cut 破裂/切损/切口	5
		Hull/Husk果壳/果皮	5
		Sllght Insect Damage轻微虫害	10

图3-6 SCAA规定的16种生豆瑕疵

七、杯测质量

在抽样检测的咖啡中，瑕疵风味（如酚味、霉味、过度发酵等）出现的比例会直接体现咖啡的质量高低。而一些高品质咖啡所表现出来的优质风味也将获得更高的杯测得分，从而匹配更高的等级和定价。但是，杯测评价标准也有所不同。目前，广泛被应用的是CQI（咖啡质量学会）和COE（卓越杯）杯测标准。CQI和COE有不同的评价单项和量化标准以及打分动机。所以同一款咖啡，使用不同的评价体系来评判，其最终得分也会有所不同。

任务四　生豆之旅:从加工厂到烘焙厂

咖啡生豆从产地的加工厂大门来到进口商仓库或烘焙厂的过程也会经历多个阶段,每个阶段的细节,都有可能影响到咖啡最终品质和价格的波动。以下根据咖啡生豆在供应链中的运转顺序,按照不同场景逐一介绍。

一、仓库存储

咖啡豆在完成干燥目标后,会进入加工厂(也称脱壳厂或干加工厂)。在海运或出售之前,咖啡豆都是带壳储存,以维持咖啡生豆的质量。在脱壳前,这些带壳豆通常会放置“休憩”30－60天,用于稳定生豆状态。

无论是在脱壳前或在这之后,咖啡存储的环境都有着严格的管控要求。盛装咖啡的麻袋会规整地码在托盘上,并且离墙离地,避免污染和返潮。储存咖啡生豆的最佳条件为湿度50%－70%、仓储温度控制在10－20 ℃。过高的湿度会产生生豆发霉、虫蛀等风险,高温高湿的环境也会加速生豆的陈化速度。由于咖啡生豆的多孔性结构,很容易吸收周遭环境的异味影响,所以仓库也需要保证空气质量。除此之外,也应当做好防治啮齿类动物啃咬的工作。仓库中码放的咖啡生豆如图3-7所示。

图3-7　仓库中码放的咖啡生豆

二、脱壳后的分级

首先,脱去咖啡的羊皮纸和果皮。

然后,脱好壳的咖啡生豆会被分选机内不同孔径的分选筛按大小分级。很多时候,咖啡生豆也会被重力分级,区分出咖啡豆的密度,作为进一步划分咖啡等级的依

据。随后，咖啡生豆还会通过电子分选仪挑出瑕疵豆，并被强气流吹掉。加工厂中，用于咖啡生豆粒径筛选的设备局部如图3-8所示，用于色选咖啡生豆的设备如图3-9所示。

图3-8 加工厂中用于咖啡生豆粒径筛选的设备

图3-9 加工厂中用于色选咖啡生豆的设备局部

最终，咖啡需要再次抽检和杯测，并可能在装袋前进行混合包装，袋子要有明确的生产标识。当前标准的包装方法是使用麻袋加内袋，也可以将生豆装于集装袋和真空包装中运输。包装材料主要包括植物性可再生包装（密封纸袋）、黄麻纤维袋和真空袋包装。全球咖啡包装重量规格比较通用的是60千克，其他装运的重量规格可以从30千克至21吨不等。正在装运中的吨袋如图3-10所示，包装咖啡生豆的外袋（麻袋）如图3-11所示。

图3-10　正在装运中的吨袋

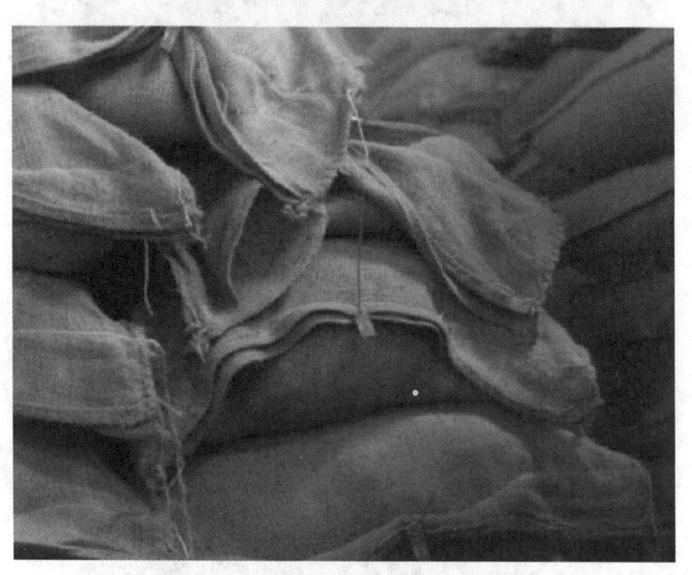

图3-11　包装咖啡生豆的外袋(麻袋)

三、工厂装运

咖啡称重后装车上货,会运往港口。包装好的咖啡在装运到货柜之前,应保证货柜的清洁,必要时做好防潮、防虫措施。

四、文件

要准备好与出口相关的相关文件,比如提货单(指运货船上咖啡豆的所有权凭证)、ICO原产地证书、优惠准入证书或免税证明、重量证明书、保险证明书(仅限于CIF)、植物检疫书、熏蒸证明书等。

五、货物转移到港口

由于世界上生产咖啡的大多数国家为发展中国家，所以货物转移到港口后应考虑到各种可能会出现的客观问题，并做好应对策略。比如，罢工、天气、封路、港口的延误等问题。

六、抵达收货地港口

抵达收货地港口时，应当提供装船后的样品、订单确认函，在放货前结清货款。

七、收货地港口转运内陆

收货地港口转运内陆，卸货后，将转移到仓库，进口商收到拆箱报告，包括重量单，进行取样和放行。最终经由贸易商销售至烘焙工厂。

教学互动

使用不同等级或产国的咖啡生豆进行粒径筛选、瑕疵辨识、含水率、密度测定等项目的练习。

项目小结

本项目综述了咖啡从农作物生产至咖啡生豆产品的整个过程，为全面了解咖啡品质和生产链条打下基础，拓宽了学生对于“咖啡”这一产品的认知范围。

项目训练

1.请言简意赅地描述3种咖啡生豆的主要处理方法的生产环节。
2.请描述作为咖啡分级常出现的7个分级项目。
3.请总结咖啡种植的六大要素。

项目四
咖啡的服务与饮用礼仪

项目描述

咖啡馆里常常能看到帅气的咖啡师驻守在吧台，忙碌着、操作着，为客人精心调制咖啡。人们对咖啡师的评价往往是时尚、青春、高档、典雅这些不吝奢华的辞藻。作为一名优秀的咖啡师，应形象良好、举止大方、口齿清晰。作为时尚的服务行业之一，这种要求无疑是必须的。本项目将介绍咖啡师这个职业应具备的职业素养、咖啡馆服务的基本常识以及在饮用咖啡时应该注意的礼仪。

项目目标

知识目标

1. 咖啡服务及对咖啡师职业素养的要求。
2. 咖啡饮用时应该注意的礼仪。

能力目标

咖啡师应具备的职业素养及道德。

素质目标

1. 熟悉不同等级职业咖啡师在咖啡服务方面应具备的素质和能力。
2. 咖啡饮用时应具备的礼仪。

知识导图

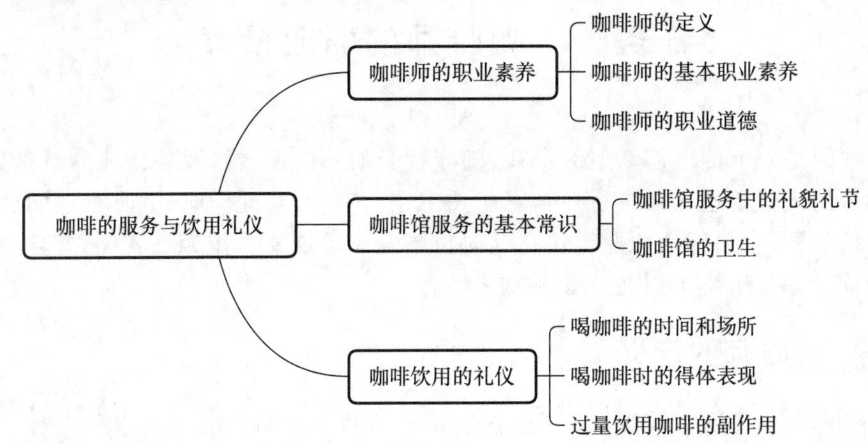

学习重点

1. 咖啡师的职业素养。
2. 咖啡馆服务的基本常识。
3. 咖啡饮用的礼仪。

学习难点

1. 咖啡师的职业认知。
2. 咖啡师的职业素养及职业操守。

项目导入

目前为什么对咖啡从业人员的职业要求水平如此之高？

剖析：

喝咖啡，作为人们追求精致浪漫情调的生活方式之一，已经越来越受到中国人的青睐。而在咖啡行业迅速发展的同时，“咖啡师”这一职业也逐渐走入了人们的视线。国人对于咖啡的热切追求，也对咖啡师提出了更高的要求：一个好的咖啡师，既要懂物理、化学等方面的知识，更要掌握运营管理、技术等方面的技能。也就是说，好的咖啡师需要是综合性的人才。但从目前中国咖啡行业的发展现状来看，咖啡师这个职业还缺乏相应的从业标准和人才评价体系。对此，业内也在进行积极探索。

任务一　咖啡师的职业素养

咖啡师是一个传统而新型的职业,随着社会的不断发展以及餐饮业的日渐繁荣,越来越多的人开始进入咖啡行业从事相关工作。然而,与此同时,咖啡行业间的竞争也在日益加剧,食品行业职业道德在此时也越发显得重要。作为一名优秀的咖啡师,必须具备一些特有素质,才能立于不败之地。

一、咖啡师的定义

咖啡师是指熟悉咖啡文化、制作方法及技巧的专业制作咖啡的服务人员。在国外,咖啡师制作的不只是一杯咖啡,也是在创造一种咖啡文化。咖啡师主要在咖啡馆、西餐厅、酒店、会所、酒吧等从事咖啡制作工作。在不少发达城市,好的咖啡师会有很多追随者,经常有客人就为了品尝某位咖啡师制作的咖啡而来。但真正的咖啡师,并不一定都是在吧台制作咖啡的人,他们更多是作为咖啡生产、销售的推广者和咖啡文化历史的传播者。一般而言,一位合格的咖啡师是能够胜任在吧台工作的,但咖啡师并不是仅仅从事吧台服务的人。

知识拓展

▼

咖啡师

咖啡师可以是品评员,咖啡的优劣和级别,都是由他们来鉴赏,他们能够分辨出咖啡烘焙度的轻重,能够辨别不同咖啡的色、香、味,能够通过制作一杯上好的咖啡来鉴别咖啡的品质。

咖啡师是咖啡销售的中流砥柱,有着过硬的专业知识,对咖啡本身非常了解,这些都是一般人所不具有的,而对于咖啡师来说,却是他们必须掌握的东西。当人们在选择咖啡作为饮料时,面对如此多的咖啡品种和品牌,往往会很迷茫——自己应该选择哪一种?因为很多人对咖啡的了解并不算多,但是有咖啡师这样一个职业,他们能解答人们的疑惑,他们可以用所具备的专业知识来帮助消费者选择适合自己的咖啡,也同时会把咖啡的理念和内涵展现给消费者,他们既是销售企业的宣传队伍,同时也是消费者的解惑人。

咖啡师可以是表演者,因为咖啡本身就是一种艺术,并且这种艺术由咖啡师来演绎可以得到更好的升华。咖啡的制作是一个非常考究、非常优雅的过程,其本身就是一种艺术的表演。咖啡师在烘焙、磨豆、调煮等过程中,展现给顾客,或者说给观众的是一种感官上的享受,同时这一过程也是顾客或观众品评咖啡的一个重要部分。特别是花式咖啡师,他们的作品往往都会给人一种舍不得喝的感觉,因为其表演和作品远远超越了咖啡本身所能直观表达的内涵。

咖啡师可以是创业者,咖啡师不同于吧员的地方,就在于他们懂得管理,不论是账目或是货流,他们都能准确把握。而当一个咖啡师创业的时候,他不但拥有技术,同时还有管理能力,他既能制作精美的咖啡,同时也知道如何去经营。咖啡师往往非常了解咖啡的文化,有着独特的经营理念。

二、咖啡师的基本职业素养

(一)咖啡师的基本素养

一名优秀的咖啡师必须精通咖啡相关的理论知识，了解常见咖啡豆的特性。秀的咖啡师不仅能对巴西咖啡、哥伦比亚咖啡、埃塞俄比亚咖啡、苏门答腊曼特宁、夏威夷柯娜、牙买加蓝山咖啡等较为常见的单品咖啡豆特征如数家珍，还能大体把握咖啡拼配的精髓，只有这样，才能对日常使用较多的意式拼配咖啡豆的特征完全掌握。

对咖啡师的评判，除了品味其制作咖啡的味道外，还要看其制作咖啡的技术、操作流程、出品效果。

首先，要有很好的味觉和视觉鉴别能力。咖啡实际上有3000多种味道，但主要的味道还是酸、甜、苦、咸。所以，咖啡师要在几十秒的时间里把这些味道都做出来，需要对咖啡豆进行观察，对咖啡粉进行观察，对咖啡泡沫进行观察，并对咖啡器具有一定的了解。要掌握好咖啡器具的温度、水的压力和咖啡豆的配比，各个环节都要配合好。

其次，经验对于一个好的咖啡师来说是很重要的。例如，在制作意大利特浓咖啡时，制作时间通常要控制在20—30秒。因为在这个时间段里，咖啡的口味等各个方面是最佳的状态。如果时间过长，咖啡因的部分就开始析出；超过37秒，咖啡因析出就开始直线上升。要想让咖啡因析出得当，咖啡师就得拿捏好这个时间。

最后，一名咖啡师还必须具备精湛的技术，他一定是懂得如何制作各式咖啡的，包括美式、拿铁、卡布冷热饮、摩卡、焦糖玛奇朵等。同时也需要会各种拉花，比如心形、叶子、玫瑰等。更重要的是，需要懂得博采众长，并进行融会贯通。

(二)咖啡师的外在形象和内在涵养

一名咖啡师应该形象良好、举止大方、口齿清晰。咖啡师作为时尚的服务行业之一，这种要求无疑是必须的。形象举止不佳的咖啡师会对咖啡馆整体消费气氛的营造产生负面影响。身为咖啡师，其形象应该是干净整洁的，这是一个基本的要求。在干净整洁之外，还可以展现一些自己的个性，提升自己的个人形象。男性咖啡师要衣着整齐，双手及指甲要清洁，并注意口臭及体臭。女性咖啡师头发要梳理整齐，并戴上规定的发罩；除了结婚戒指及手表外，不戴其他任何装饰品；不要使用艳色指甲油，指甲要修剪整齐；穿规定的平底鞋及长筒袜，以便给客人留下端庄及干净卫生的印象。工作时，咖啡师不要抽烟，不要嚼口香糖。

除了外在形象，咖啡师的内在涵养也很重要，其内在涵养体现在对咖啡事业的一种态度和自身的一种自我修养与创新能力。

任何一个职业，想要有所建树，首要条件一定是热爱。只有足够热爱，才愿意为之费心刻苦钻研，才能百分百为其付出且甘之如饴。一名咖啡师应该热爱本职工作，才能充满热情和活力。

一名咖啡师应该具备自我学习、不断创新的能力。学无止境，一名优秀的咖啡师一定是善于学习并且一直处于学习的状态。除了不断钻研咖啡制作技术之外，还需要

知识拓展

咖啡师国家职业技能标准(2022年版)

学习咖啡的历史文化，同时对咖啡制作还应该具备一定的悟性，不断地创新。越往后发展，需要学习的知识也就越多，如管理知识、经营知识、人际交往和沟通、创业知识等，都需要不断地学习和掌握。

三、咖啡师的职业道德

（一）咖啡师的职业操守

1.树立正确的服务观念

作为一名合格的咖啡师，应将顾客视为上帝，热爱本职工作，尽职尽责，对待顾客热情、友好、真诚，应树立良好的整体意识，认真学习业务知识，努力提高自身素质。咖啡师要善于表达自己的意愿，具有良好的社交关系；必须了解顾客的心理，并善于运用顾客心理而达到优质的服务；必须了解本店特色及服务质量，并把最好的特色介绍给顾客，使其乐意消费；要建立良好的顾客关系，与顾客换位思考，具备良好的服务意识和顾客意识。

2.服务的语言艺术

提升服务水平的核心在于提升咖啡从业人员的素质，服务语言则是咖啡从业人员素质的直接体现。语言是人们用来表达思想、交流感情的交际工具。咖啡服务的语言与讲课、演讲以及人与人交往中一般的礼貌语言是有很大差别的。应做好服务，特别是语言服务工作，制订相应的培训计划，按照程序和标准对咖啡从业人员实施培训，并按照这套程序和标准，不断地去检查、纠正服务过程中出现的问题，以有效地提高咖啡从业人员的素质与服务质量。

3.形式上的要求

(1)服务应恰到好处。服务不是演讲也不是讲课，服务人员在服务时只要清楚、亲切、准确地表达出自己的意思即可，不宜多说话。主要是启发顾客多说话，让他们能在这里得到尊重、得到放松，释放自己的压力，尽可能地表达自己消费的意愿和对餐厅的看法和意见。

(2)有声服务。没有声音的服务，是缺乏热情与没有魅力的。服务过程中，不能只有鞠躬、点头，不能没有问候而只有手势，要有语言的配合。

(3)轻声服务。传统服务是吆喝服务，包括鸣堂叫菜、唱收唱付，现代服务则讲究轻声服务，要求“三轻”(说话轻、走路轻、操作轻)，以便为顾客保留一片宁静的天地。

(4)清楚服务。一些服务人员往往由于腼腆，或者普通话说得不好，在服务过程中不能向顾客提供清楚明了的服务，造成了顾客的不满。特别是报菜单，经常使顾客听得一头雾水，不得不再问，由此妨碍了主客之间的沟通，耽误了正常的工作。

(5)普通话服务。即使是因为地方风味和风格突出的餐厅，要采用方言服务才能显现出个性，也不能妨碍正常的交流。因此，这类餐厅的服务人员也应该会说普通话，或者要求领班以上的管理人员会说普通话，以便于用双语服务，既能体现其个性，又能使主客交流做到晓畅明白。

4.程序上的要求

(1)客人来店有欢迎声。

(2)客人离店有道别声。

(3)客人帮忙或表扬时,有致谢声。

(4)客人欠安或者遇见客人时,有问候声。

(5)服务不周有道歉声。

(6)服务之前有提醒声。

(7)客人呼唤时有回应声。

总之,在程序上,应对服务语言做出相应的要求,以检查和指导服务人员的语言规范性。

(二)咖啡师的素质

咖啡从业人员直接面对顾客服务,每天接触的客人很多,而且什么样的客人都有。虽然他们在服务时很小心,但有时仍难免一时疏忽,造成对客人的伤害;或者在服务时所做的一切都符合规定,但仍然不能使客人满意。这里应以"顾客至上"为原则,向客人道歉,以求客人的谅解。身为咖啡从业人员,一定要了解各种顾客的类型,才能做到随机应变、把握时机、应答自如。应顺应顾客的需要,为顾客提供最佳服务。

要做到以上的服务,平时必须要注意修养,不能随便发脾气。一定要做到服饰整齐、仪容端庄、态度和蔼、亲切待人、认真负责、迅速合作、诚实不欺、礼貌周到等,让客人感觉所受到的服务无可挑剔。

咖啡从业人员应具备以下基本素质。

思想素质:热爱本职工作,具有良好的组织能力。

业务素质:熟练掌握运用礼貌用语,掌握咖啡制作与服务相关技能,扩大知识面。

语言素质:运用语言技巧,给客人留下良好的印象。

身体素质:有一个强壮的身体。

心理素质:能正确看待个人挫折,做到宠辱不惊。

同时,应具备良好的集体观念、组织观念,有强烈的集体荣誉感。无论在什么样的客人面前,不流露出轻视或不满,回答客人的问题得体大方。

知识拓展

咖啡师职业前景

任务二 咖啡馆服务的基本常识

一、咖啡馆服务中的礼貌礼节

礼貌是人与人之间在接触交往中相互表示尊重和友好的行为规范,它体现了咖啡馆服务人员的时代风貌和道德品质。礼节则是人们在日常生活中相互致意、祝愿以及相互协作的惯用的表现形式,礼节是礼貌的具体表现。

知识拓展

咖啡馆中服务的礼貌用语

在咖啡馆服务工作中，礼貌礼节是非常重要的，主要表现在以下几个方面。

(1)与客人谈话时必须站立，姿势要正确，抬头挺胸，眼睛看着客人。

(2)要多听客人讲话，不随意打断客人的谈话。

(3)和客人讲话声音要轻、简洁、文明，并保持微笑。

(4)未明白客人的问题时不可随便回答，要主动询问客人。

(5)对客服务时要面带微笑。客人呼唤时，要稍弯腰，以示尊重客人。

(6)不得偷看客人的书籍和偷听客人的谈话。

(7)不得议论客人或在客人背后指手画脚、做鬼脸，更不应轻视生理有缺陷的客人。

(8)为客点烟时要注意不要将火头直接对着客人，以免烫伤客人。

(9)如遇客人有不礼貌言行时，应婉言解释、拒绝，切忌与客人当面争吵、起冲突。

(10)第一次遇见客人时应主动向客人问好，离别时跟客人说再见。

二、咖啡馆的卫生

咖啡馆要求保持绝对的卫生，这是基于两种考虑：一是吸引顾客光临；二是保证顾客的健康。洁净而优雅的咖啡馆是非常吸引人的，所以咖啡馆的卫生条件就显得十分重要。

虽然咖啡馆不像传统厨房那样容易受到细菌的侵害，但是，咖啡馆也有潜在的传播细菌的媒介，管理者应懂得细菌滋生的原理，以力求避免。细菌是以空间和温度为条件繁殖的，它们自身会进行分化，双倍繁殖，会在4小时内单一菌体变成4000个，如此迅速滋生是由于咖啡馆中的各种食品以及温暖、潮湿的环境造成的。为避免菌害，咖啡馆应采取必要的措施。首先要用温度来控制各种食品和饮料，使之保证质量。

通常情况下，病菌是由人带入的，它通过人的鼻子、嘴、喉咙、手、皮肤和头发等直接传播，有的是通过酒杯、毛巾间接传播。所以，在雇用员工之前，应对其进行严格的体检，身体健康者方可入选；工作中，员工应勤洗手，并且使用专用洗手槽和擦手巾，员工感冒或患其他疾病不应再上班。各种器皿在用完之后应尽快冲洗、消毒。员工在拿杯子时，不要接触杯子的内壁及杯口。简而言之，任何接触到食物及酒水的地方都不能用手直接接触。

总之，进入咖啡馆之后，员工应检查温度与灯光是否调节到适宜的程度。吧台应整理干净，没有杂物。洗涤槽应灌满干净的水，加好清洁剂和消毒剂。咖啡馆所用的各类布巾都需要洗烫干净。杯子也需要洗净，确保无油污、无水迹。

（一）吧台工作人员的卫生职责

(1)讲究个人清洁卫生，做到：勤洗手、勤剪指甲；勤洗澡、勤理发；勤洗衣服和被褥；勤换工作服。

(2)做好上岗前的准备工作：换好工作服，穿着整洁，将个人物品存放在备案的地方。

(3)工作时，杜绝不良的习惯动作，避免用手触摸头发或者面孔，不得对着食品和顾客咳嗽、打喷嚏，不准随地吐痰，不准在工作场所吸烟。

(4)手部的清洁尤其重要,做以下动作之后应立即洗手:用手摸过头发或皮肤;拿过使用过的或弄脏了的餐具;上过洗手间;搬运过箱子或包装袋等其他物件;接触纸币后。

(5)拿取杯具、食物要采用卫生的方法,不能用手接触杯具顾客入口的位置,不能用手直接抓取食品。

(6)吧台工作人员使用的毛巾每天要清洁干净,以减少或消灭细菌。托盘等工具必须保持清洁。

(7)掉落在地上的食物不可给顾客使用,凡不符合卫生标准的食品坚决不出售。

(8)严禁随地丢弃废纸,严禁随地倒水、乱放茶水杯,不可使用掉落在地上的杯具及纸巾。

(9)工作人员早晚、饭后都应刷牙或漱口,上班前忌吃大葱、大蒜、韭菜之类有异味的食物。

(二)咖啡馆的环境卫生

(1)地面卫生:对于咖啡店的地面,餐前和餐后应将食品残渣、杂物、尘土等清扫干净,再用拖把拖一遍。

(2)咖啡桌椅卫生:除了营业结束时做必要的清洁工作,每日营业前应彻底擦拭咖啡桌、咖啡椅,尤其要注意桌沿、桌腿、椅腿等角落的卫生。

(3)咖啡馆过道卫生:咖啡馆过道走的人最多,最容易脏也最显眼,因此要尤其注意。咖啡店工作人员在空闲间隙要不定时地扫、拖,同时保持其干燥,以免给顾客留下不干净的印象。

(4)卫生间卫生:整洁干净的卫生间最能表明咖啡店对顾客的关注度。咖啡店要每半小时打扫一次卫生,每天彻底清洁一次,出现问题时立即维修。

(5)吧台卫生:除了做好必要的卫生工作,还要注意器具、物品的陈列摆放,将不必要的物品及时收纳,以保持吧台的整洁和便于操作。

(6)绿化盆景:应每天清洁,保持绿化盆景的清新、翠绿,不能使盆周边都是水渍或盆底下丢满了纸屑杂物等。

(三)咖啡馆的卫生注意事项

(1)要爱护咖啡店内的设备设施,操作时要做到轻拿轻放,以减少对器具的损坏。

(2)做台面、地面卫生时,禁止使用锐利的刀具乱刮、乱铲,以免破坏台面和地面的美观。

(3)清洁冰箱、冰柜时,注意不要硬拉硬拽冰箱、冰柜内侧的密封圈,更不可使用刀片等锐利的刀具铲刮密封圈而影响冰箱、冰柜的制冷效果。

(4)对带电源的机器、设备进行清洁时,应先切断电源,注意操作安全。

(5)使用清洁剂时,应严格按照说明书,使用正确的操作方法和合适的剂量进行操作。

(四)咖啡馆的饮品卫生

(1)咖啡原料应清洗彻底,贮存场所及器具均应保持清洁。

(2)咖啡原料要尽快处理,然后调制供饮。加热或冷藏时应注意,细菌在超过60 ℃以上才能杀灭,10 ℃以下能使细菌滋生速度减慢,－18 ℃以下则细菌根本不能繁殖。因此,保存咖啡原料时应注意不受外界细菌污染及繁殖,并保存于10 ℃以下的冷藏库中。

(3)原料尽可能选用新鲜的,因为不新鲜的原料含细菌较多,调制以后也可能有细菌残留,而且细菌很容易繁殖。要特别留意选择低温保存与调制。

(4)调制时,应注意加热要彻底,以便杀死有害细菌。

(5)包装容器在贮藏中易受到尘埃、昆虫等污染,因此必须注意保存。

(五)咖啡馆附属食品卫生要求

1.水果

优质水果的表皮色泽光亮,内质鲜嫩清脆,有清香味。水果如有腐烂,则不能食用,水果最好是现削现用。在咖啡馆,水果常做榨汁或生食,使用前要用清水充分洗涤,以除去寄生虫卵和污染的杂菌及皮上农药残留。也可用5%的乳酸溶液或其他消毒液将水果浸泡消毒后再使用。

2.糕点

糕点的制作生产过程必须符合食品卫生要求,贮存时要防止生虫、霉变和脂肪酸败。贮放应注意清洁卫生、干燥、通风,并具有防鼠、防蝇设备。优质面包一般质地松软,顶面呈均匀的金黄或深黄色,不焦、不生,外形饱满,有弹性,咀嚼时无粘牙感。优质饼干一般色泽光亮,花纹清晰,松脆且酥,并有香味。

3.罐头食品

油炸食品需要炸透,不得有焦味和酸败味。水果罐头的果肉不能煮得过熟,块形要完整,果肉不得过硬,要色泽天然,不得人工着色;汤汁应透明清澈,不含杂质,糖水一般为30%。果酱罐头应与原来果实色泽相符,果酱黏度高,倾罐时不易倒出,静置时不分离出糖汁,不允许人工着色,可适当加酒石酸或柠檬酸,应无异味或香精味。

保存罐头的地方应通风、荫凉、干燥,一般相对湿度应为70%－75%,温度在20 ℃以下,以1－4 ℃为佳。罐头的保存期限通常是铁皮罐头2年,玻璃罐头1年。

4.其他冷饮食品

冷饮食品用料含有较多的蔗糖、蛋、奶和淀粉,细菌较易繁殖。冷饮食品必须放在冷库或冰箱内贮藏,防止融化污染,以保证冷饮食品的卫生质量。

任务三　咖啡饮用的礼仪

当下,咖啡已经越来越多地走进人们的日常生活。喝咖啡,除了作为饮料自身的功能的使用,更重要的是在人际交往中,可以促进人与人之间的交际,展现个人自身的教养和素质。越是正式的场合,礼仪就越发重要。在正式场合,喝什么咖啡和怎样喝

咖啡，不仅仅是个人习惯，也涉及选择者身份、教养、见识的问题。

一、喝咖啡的时间和场所

在家里用咖啡待客，不论是会友还是纯粹将咖啡作为饮料，不要超过下午4点钟。因为有很多人在这个时间过后不习惯再喝咖啡。邀人外出，在咖啡厅会客时喝咖啡，最佳的时间是午后或傍晚。

正式的西式宴会，咖啡往往是"压轴戏"。一些正式的西式宴会一般在晚上举行，所以在宴会上喝咖啡通常是在晚上。为照顾个人嗜好，在宴会上准备咖啡的同时，应再备上红茶，由来宾自己选择。咖啡往往是正餐中最后出现的一道"菜点"。在餐厅用餐时，人们往往会选用咖啡佐餐助兴。

喝咖啡常见的地点主要有客厅、餐厅、写字间、花园、咖啡厅、咖啡馆等。在客厅喝咖啡，主要适用于招待客人。在写字间喝咖啡，主要是在工作间歇自己享用，为了提神，这种情况下也没有什么要求。在自家花园喝咖啡，适合和家人消闲休息，也适合招待客人。西方有一种专供女士社交的咖啡会，就是在主人家的花园或庭院中举行的。它不排位次，时间不长，重在交际和沟通。

二、喝咖啡时的得体表现

喝咖啡的时候，一定要注意个人举止。主要是在饮用的数量、配料的添加、喝的方法等方面多加注意。正式的场合，喝咖啡时要注意如下几点。

(1)杯数要少。在正式场合喝咖啡，它只是一种休闲或交际的陪衬、手段，所以咖啡数量上不要超过3杯。

(2)入口要少。喝咖啡既然不是为了充饥解渴，那么在喝的时候就不要动作粗鲁，让人发笑。端起杯子一饮而尽，或是大口吞咽，喝得响声大作，都是失礼的。

(3)有时要根据需要，自己动手往咖啡里加一些像牛奶、糖块之类的配料。这时候，一定要牢记自主添加、文明添加这两项要求。

(4)不要越俎代庖，给别人添加配料。如果某种配料用完了，需要补充时，不要大呼大叫。加牛奶的时候，动作要稳，不要倒得满桌都是。加糖的时候，要用专用糖夹或糖匙去取，不可以直接下手。

(5)在正式场合，咖啡都是盛进杯子，然后放在碟子上一起端上桌。碟子的作用，主要是用来放置咖啡匙，并接收溢出杯子的咖啡。

(6)握咖啡杯的得体方法是：伸出右手，用拇指和食指握住杯耳后，再轻缓地端起杯子。不可以双手握杯或用手托着杯底，也不可以俯身就着杯子喝。洒落在碟子上面的咖啡要用纸巾吸干。如果坐在桌子附近喝咖啡，通常只需要端起杯子，而不必端着碟子。如果离桌子比较远，或站立、走动时喝咖啡，应用左手把杯、碟一起端到齐胸高度，再用右手拿着杯子喝。这种方法既好看，又安全。

(7)在正式场合，咖啡匙的作用主要是加入牛奶或奶油后，用来轻轻搅动，使牛奶或奶油与咖啡相互融合。加入小糖块后，可用咖啡匙略加搅拌，以促使其迅速溶化。如果咖啡太烫，也可以用咖啡匙稍作搅动。咖啡匙的使用要特别注意两个禁忌：一是

不要用咖啡匙去舀咖啡来喝;二是不用的时候,平放在咖啡碟里,不要立在咖啡杯里。

(8)在喝咖啡时,为了不伤肠胃,往往会同时准备一些糕点、果仁、水果之类的小食品。需要用甜点时,首先要放下咖啡杯。在喝咖啡时,手中不要同时拿着甜点品尝。更不能双手“左右开弓”,一边大吃,一边猛喝。

(9)喝咖啡时,要适时地和旁边的客人进行交谈。这时候,务必细声细语,不可大声喧哗、乱开玩笑,更不要和人动手动脚、追追打打。否则,只能破坏喝咖啡的现场氛围。不要选在对方喝咖啡的时间点向其提问,以免让其口含咖啡,不方便答话。

三、过量饮用咖啡的副作用

(一)咖啡因过量会造成神经过敏

咖啡因有助于提高人的警觉性、灵敏性、记忆力及集中力。但饮用超过平常所习惯饮用量的咖啡,会造成人的神经过敏。尤其对于倾向焦虑失调的人而言,咖啡因会使其手心冒汗、心悸、耳鸣等这些症状更加明显。

(二)加剧高血压

咖啡因本身具有止痛作用,常与其他简单的止痛剂合成复方。但是,如果饮用者自身已有高血压,长期食用大量咖啡因只会使情况更严重。因为咖啡因能导致血压上升,若再加上情绪紧张,就会产生危险性的相乘效果。因此,高血压的危险人群,应避免在工作或自身压力过大的时候喝过量的咖啡。

(三)加剧骨质疏松

咖啡因本身具有很好的利尿效果,有一定的功效。但长期且大量喝咖啡,容易造成骨质流失,尤其对于上了年纪的人来说,会加剧其骨质疏松,对骨量的保存会有不利的影响。

教学互动

在教学过程中,让学生进行场景模拟咖啡馆服务。

项目小结

本项目概述了咖啡馆服务以及咖啡出品中需要注意的卫生、礼仪等相关知识。

项目训练

常规咖啡出品服务及品鉴礼仪。

项目五
了解咖啡的生产过程
——咖啡豆的烘焙

项目描述

该项目全面解读咖啡烘焙原理以及咖啡在烘焙中的物理变化及化学变化，展示咖啡从生豆到熟豆的神奇变化。

项目目标

知识目标

1. 学习咖啡烘焙的原理。
2. 学习咖啡烘焙的过程。

能力目标

1. 掌握咖啡烘焙中的物理变化。
2. 掌握咖啡烘焙中的化学变化。
3. 掌握不同咖啡烘焙度对咖啡风味的影响。

素质目标

了解咖啡在烘焙过程中的变化，建立咖啡烘焙标准，为保证我国咖啡市场品质标准化管理打下理论基础。

知识导图

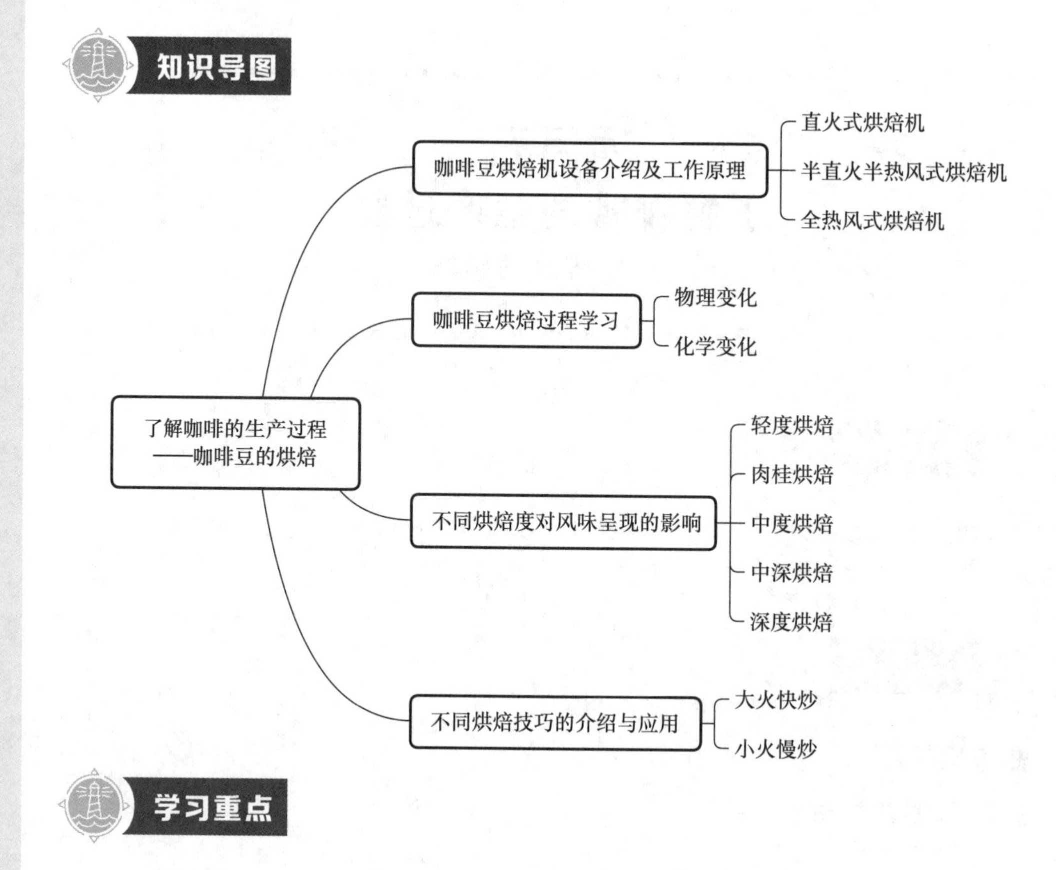

学习重点

1. 咖啡在烘焙中的化学变化与物理变化。
2. 咖啡烘焙度对咖啡风味的影响。

学习难点

咖啡烘焙的化学变化与物理变化。

项目导入

咖啡风味的展现，除了咖啡处理，还需要完美的咖啡烘焙。咖啡的一生充满各种变化，每一个步骤都是成就咖啡完美口感的关键。

任务一　咖啡豆烘焙机设备介绍及工作原理

从古代埃塞俄比亚的部落在火堆里烘烤咖啡，到现在构造精密的咖啡烘焙机，

人类为了让烘焙的咖啡豆依照人类的喜好展现风味，设计了各种各样的咖啡豆烘焙设备。

虽然咖啡豆烘焙机的外观有所不同，但它的基本构造大同小异，主要包括：放入咖啡生豆进行烘焙的"烘焙仓"，烘焙仓里有搅动咖啡豆的叶片(绝大部分的烘焙仓是圆柱形的滚筒，也有让咖啡豆在热空气中悬浮加热的流化床式烘焙仓)；加热烘焙仓的"燃烧器"；调节烘焙仓空气流量的"风门"；让烘焙好的咖啡豆快速冷却的"冷却盘"；收集烘焙过程中从咖啡豆表面脱落的银皮(即种皮)与碎屑的"集尘器"等。

咖啡烘焙机主要分为家用小型烘焙机与商用大型烘焙机两大类。近年来，随着咖啡被越来越多的人认识和喜爱，市面上也出现了很多家用小批量的咖啡烘焙设备，比如专门为烘焙咖啡设计的陶瓷平底锅，以及将烘焙爆米花的热风烘焙设备适当改造以用于烘焙咖啡的设备、专门为烘焙设计的小型咖啡烘焙设备等。

以下介绍目前使用比较广泛的商业咖啡烘焙设备，主要以咖啡豆烘焙时受热方式的不同进行分类。

一、直火式烘焙机

直火式烘焙机(见图5-1)最大的特征是烘焙仓的表面布满孔洞，燃烧器燃烧时的火苗可以通过这些孔洞直接接触到咖啡豆，并通过烘焙仓的转动与搅拌叶片的翻动让咖啡豆均匀受热。咖啡豆的受热更多地以接触热的方式进行。

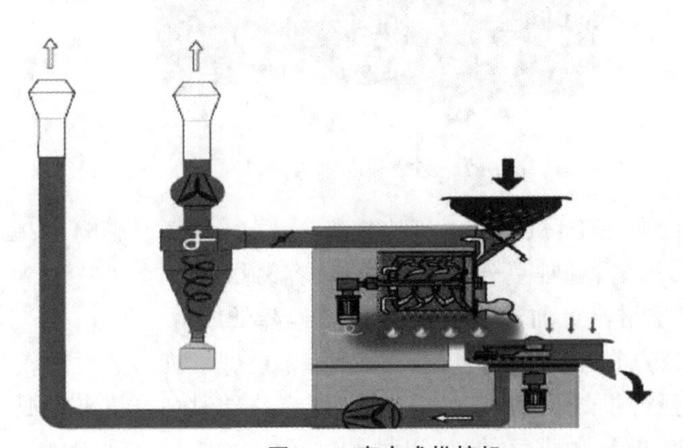

图5-1 直火式烘焙机

这种烘焙机的优点在于：结构简单，不易发生故障；咖啡豆直接与火焰接触，烘焙过程中的焦糖化反应充分(表面容易着色)；有经验的烘焙师通过熟练的操作可以烘焙出个性凸显的咖啡豆。

这种烘焙机的缺点在于：由于燃烧器火苗可以直接接触咖啡豆，使得烘焙过程中火力控制变得困难。火力太大容易使豆表烧焦而豆芯不熟；火力太小又会让咖啡豆的膨胀状态不足，难以烘焙出外观均匀、味道干净的咖啡；深度烘焙时容易使咖啡豆产生烟熏、焦苦等负面风味。另外，由于构造简单，烘焙仓保温性能不佳，容易造成能源的消耗较大；烘焙时也容易受到外界气温的影响而干扰烘焙。

二、半直火半热风式烘焙机

正因为直火式烘焙机有诸多缺点，后来人们改良了烘焙仓的设计，形成了必德利咖啡烘焙机（见图5-2）。它取消了烘焙仓壁上的孔洞，改用完全密封的烘焙仓，使燃烧器的火苗不直接接触咖啡豆，避免了咖啡豆表面容易烧焦的问题。同时，通过增加烘焙仓筒壁的厚度，或者采用双层筒壁的设计，在烘焙时先加热烘焙仓，然后由烘焙仓加热烘焙仓内的空气，再让热空气去加热咖啡豆，使咖啡豆的受热方式由单一的接触热变成了一半通过接触热，一半通过热空气加热的方式，让咖啡豆的受热更加均匀。

图5-2　必德利咖啡烘焙机

这种烘焙机的优点在于：烘焙仓温度比较稳定，受外界气温影响小；咖啡豆不直接接触火苗，整体受热均匀，咖啡豆外表不易烧焦，容易烘焙出外观一致、味道干净的咖啡豆；相较于直火式烘焙机更加节约能源，能有效地降低成本。

这种烘焙机的缺点在于：因为烘焙仓壁较厚，导致烘焙机预热时间较长，如果在预热不充分的情况下强行烘焙，咖啡豆的受热不足，容易导致咖啡豆夹生或者过度焙烤；由于热量是分阶段传递给咖啡豆的，所以烘焙过程中改变火力后，咖啡豆的温度变化比直火式烘焙机要慢。

三、全热风式烘焙机

这种形式的烘焙机，通常会有一个独立的燃烧室来加热空气，再将加热的空气吹入烘焙仓，通过高温空气加热咖啡豆，同时通过高速的气流让咖啡豆在烘焙仓内悬浮翻滚。

这种烘焙机的优点在于：咖啡豆与烘焙仓的接触少，避免了咖啡豆表面烧焦的现象；加热速度快、热效率高，极大地缩短了烘焙的时间，最快的3分钟就能完成烘焙；烘焙的咖啡干净、明亮，杂味少；热风烘焙的咖啡豆平均失重较半直火半热风式烘焙机少

Note

1%－2%。这对于一个大型烘焙工厂来说很重要，一般大型烘焙工厂都采用全热风式烘焙机。

这种烘焙机的缺点在于：烘焙过程中咖啡豆升温过快，容易导致咖啡风味发展不足，甚至夹生。

任务二 咖啡豆烘焙过程学习

咖啡生豆通过加热烘焙变为熟豆的过程中大概会经历脱水、烘焙、发展、冷却四个主要阶段。在咖啡烘焙的整个过程中，咖啡豆在热量的作用下会发生非常复杂的物理变化和化学变化。正是这些剧烈的变化赋予咖啡丰富的嗅觉与味觉的感官体验，让人为之着迷。

在这些复杂的物理变化与化学变化中，影响咖啡风味的主要反应体现在以下几个方面。

一、物理变化

（一）颜色

在烘焙过程中，咖啡豆发生的最明显的变化可能是豆子的颜色。在烘焙之前，咖啡豆是蓝绿色或者黄绿色的（此时咖啡豆的温度是常温状态）。随着温度的不断升高（150 ℃左右），它们慢慢变成了类似黄豆的颜色，温度进一步升高的时候（170 ℃以上），它们会由黄色变成棕色。在这个过程中，咖啡豆的种皮（俗称银皮）也会在烘焙过程中脱落。当烘焙结束时，咖啡豆会呈现出我们常见的深棕色或表面布满油脂的棕黑色。

（二）水分和重量

经过加工和干燥的咖啡生豆，水分含量一般在10%－12%，但烘焙后将减少到约2.5%。蒸发的水分主要是存在于咖啡豆中的自由水，烘焙过程中的化学反应还会产生额外的水分。但是，这部分水分会在烘焙过程中蒸发掉。

水分的损失及一些干性的物质转化为气体是豆类烘烤后总体质量减少的原因。咖啡豆的重量平均要减轻12%－20%。烘焙师应经常记录减重百分比，以帮助确定不同的咖啡豆烘焙结束的时间，来保证得到想要的咖啡风味。不同的烘焙曲线会影响脱水发生的时间。水活度在不同的烘焙节点上的改变意味着化学反应的差异，这可能会影响咖啡豆的最终风味。

（三）体积和孔隙

咖啡豆在植物界是有着极强的细胞壁的植物。它们的外环状结构可以加固细胞

结构，增加其强度和韧性。

咖啡豆在烘焙过程中时，升高的温度和汽化的水会在咖啡豆内部产生很高的压力。这种情况下，咖啡豆细胞壁的结构会从刚性结构变为橡胶状。内部物质将细胞壁向外推出，在中心留下充满气体的空隙。这意味着随着咖啡豆重量的减轻，豆子的体积会膨胀（通常会膨胀30%－50%甚至更多）。当聚集在一起的气体与水蒸气使咖啡豆内部的压力大于细胞壁的承受能力时，它们会冲破细胞壁的束缚，发出爆裂的声音，这就是我们常说的第一次爆裂，简称一爆。

烘焙过程增加了细胞壁的孔隙，降低了咖啡豆的密度，增强了其可溶解性。这对于之后把它们变成美味的饮品至关重要。

（四）油脂

咖啡豆含有脂类或油脂，在烘焙过程中，内部的高压会使这些化合物从细胞中心向咖啡豆表面迁移。

脂质可以将挥发性化合物保留在细胞内。挥发性化合物是在室温下具有高蒸汽压力的化学物质，其中有一些对于产生咖啡的香味和香气是必不可少的。没有油脂，它们可能会挥发出去。

二、化学变化

对食品加工有一定了解的人估计见过这些词汇——美拉德反应、焦糖化反应等。这些反应，其实都是烘焙中极为重要的反应，对咖啡豆的最终风味产生了巨大影响。

（一）梅纳德反应

美拉德反应，又称梅纳德（Maillard）反应、梅纳反应，是一种广泛分布于食品工业中的非酶促褐变反应。它指的是食物中的还原糖（碳水化合物）与氨基酸/蛋白质在常温或加热时发生的一系列复杂的反应，其结果是生成黑色的大分子物质类黑精素。此外，反应过程中还会产生成百上千个有不同气味的中间体分子，包括还原酮、醛和杂环化合物，这些物质为食品提供了宜人可口的风味和诱人的色泽。梅纳德反应是现代食品工业密不可分的一项技术，在肉类加工、食品储藏、香精生产、中药研究等领域处处可见。

这个反应会在咖啡豆加热到约150 ℃时加速发生，此时咖啡豆仍在吸热状态，热量会使豆子的碳水化合物和氨基酸/蛋白质之间发生反应，导致豆子的颜色、味道和营养成分发生变化。

豆子颜色的改变主要是因为类黑精素的产生，这些物质不只是让咖啡豆转为褐色，还会影响咖啡的口感跟醇厚度。这个阶段的温度与时间只要有一点小变化，都可能对咖啡最终的风味产生很大的影响。

梅纳德反应时间较长的咖啡会增加其黏度，较短的梅纳德反应则会产生更多的甜度和酸质。因为如果梅纳德反应时间过长，果酸以及会转化成甜味的酸都会被破坏。

当烘豆师展示烘焙手法时，也包含改变梅纳德反应的时间长度和强度，并记录这

些变化会带给最终的风味什么样的影响。

(二)焦糖化反应

焦糖化反应是糖的氧化、脱水、降解过程,对咖啡的风味及颜色都有影响。这里的糖主要指的是蔗糖,当蔗糖被加热到160 ℃便开始慢慢脱水溶解变成半透明的液态。当被加热到200 ℃左右时,糖中的化合物开始重组,产生棕色的焦糖(太妃糖)及少许苦味,糖降解也会产生二氧化碳,二氧化碳加大了咖啡豆内部纤维细胞组织的压力,最终造成纤维组织的断裂,形成了咖啡烘焙过程中的第二次爆裂,简称二爆。咖啡烘焙过程中,“一爆”现象产生的原因不同于“二爆”,“一爆”主要是由咖啡豆中水分蒸发所形成的压力造成的。

总之,焦糖化反应会在烘焙过程中产生香气,改变其酸度、二氧化碳含量及颜色。焦糖化反应和梅纳德反应一起对咖啡豆的最终风味的形成造成影响。

(三)斯特雷克降解反应

斯特雷克(Stercker)降解反应与梅纳德反应的关系非常密切,主要是不同的氨基酸和还原糖的加热反应,能通过斯特雷克降解反应生成各种特殊的醛类,从而产生不同的咖啡香气。由于过程过于复杂,这里不再展开。重要的是要认识到这种反应对于产生芳香和风味的化合物是不可或缺的。

(四)挥发性与非挥发性化合物

挥发性化合物是指在室温下具有高蒸汽压的有机化学物质,其中许多是在降解反应中,或是在烘焙的发展阶段形成的。当挥发性化合物散逸时,我们会闻到这种咖啡特有的如下气味。

(1)醛类:带有果香、花香气味。

(2)呋喃:具有焦糖气味。

(3)吡嗪:具有坚果、烤面包气味。

(4)愈创木酚:具有烟熏、香料气味。

二氧化碳是一种挥发性物质,并不会对香气产生影响,但却会对醇厚度产生影响。

非挥发性化合物通常是在室温下保持稳定的物质,也就是说它们不会蒸发。这些化合物会在烘焙过程中发生变化,而其余化合物则会在整个烘焙过程保持稳定,非挥发性化合物有助于产生风味。

例如咖啡因,它可能会带来一些苦味。咖啡因天然存在于咖啡中,并且在烘焙过程中保持不变。其他非挥发性化合物,包括提供甜味的蔗糖、提供醇厚度和口感的油脂、产生颜色和醇厚度的蛋白黑素等,这些都是非挥发性化合物。

(五)酸的作用

酸在产生风味方面有很大的作用,烘焙可以使咖啡生豆里的绿原酸降解为绿原酸内脂,进而分解为奎宁酸、咖啡酸等。咖啡生豆里含有的柠檬酸和苹果酸,在烘焙过程

中会分解成琥珀酸、马来酸等，从而给咖啡带来不同的香气风味。尽管这看似简单，但由于烘焙过程中会同时发生许多物理变化和化学变化，因此咖啡烘焙是一个非常复杂的过程。

任务三　不同烘焙度对风味呈现的影响

烘焙度指的是咖啡豆被加热烘烤的程度。不同的烘焙度会让咖啡豆表现出完全不同的感官感受，其实这也说明了咖啡豆在不同温度下梅纳德、焦糖化等一系列反应的程度。在没有咖啡烘焙色值仪之前，烘焙师们往往依靠经验，通过观察咖啡豆的颜色、气味以及咖啡豆膨胀的状态来决定咖啡烘焙的结束时间。但是这种依靠经验决定烘焙度的做法让人们没有统一的标准，往往出现各家所说的"浅度"烘焙，看起来和喝起来是完全不一样的东西，显得非常混乱。鉴于此，1996年美国精品咖啡协会与美国艾格壮公司(Agtron Inc.)一起发明了一套烘焙度分析仪，它通过以近红外线照射烘焙咖啡豆或咖啡粉，分析咖啡豆或咖啡粉的焦糖化程度并以此来判定咖啡烘焙的程度。简言之，咖啡的焦糖化程度越高，得到的度数就越小，焦糖化程度越低，得到的度数就越大。咖啡烘焙度度数与烘焙的深浅程度成反比关系，度数一般在0—100的范围。有了这套数据分析系统，大家在讨论咖啡烘焙度的时候就有了客观的数据依据，不再"各说各话"。

一、轻度烘焙

轻度烘焙(Light Roast)：普通半直火式烘焙机下，豆子温度在188—192 ℃，一爆刚刚开始。

熟豆豆表：浅褐色。

Agtron参考值：90—95。

这个阶段的烘焙，往往其口味和香味均不足，咖啡豆内部的焦糖化还没完全开始，酚类物质还没转化，风味上更多表现为青草、谷物的味道伴随着尖锐的酸，醇厚度单薄、涩感明显。

二、肉桂烘焙

肉桂烘焙(Cinnamon Roast)：普通半直火式烘焙机下，豆子温度在192—200 ℃，一爆密集。

熟豆豆表：肉桂色。

Agtron参考值：88—90。

这个阶段的烘焙，梅纳德与焦糖化反应让香味少许出来，但韵味不足，一般用来做咖啡杯测。近年来，一些高品质的咖啡豆在此烘焙度下能表现出柔和的果酸和花香，余韵感明显，醇厚度稍低，有明显的甜感。比如，耶加雪菲、巴拿马瑰夏等会烘焙到这

个程度。

三、中度烘焙

中度烘焙(Medium Roast):普通半直火式烘焙机下,豆子温度在200－210℃,一爆结束。

熟豆豆表:棕褐色。

Agtron参考值:60－80。

这个阶段的烘焙度,咖啡中的梅纳德反应和焦糖化程度恰到好处,保留了咖啡中优质的酸,目前市场上大多数单品咖啡豆都在这个烘焙度。其风味表现为柔和的果酸、坚果、黄糖、奶油风味,以及适中的苦,均衡感好。

四、中深烘焙

中深烘焙(Medium Dark Roast):普通半直火式烘焙机下,豆子温度在210－215℃,二爆初。

熟豆豆表:深褐色、黑褐色。

Agtron参考值:45－55。

此阶段,苦味开始变强,酸味渐渐变弱,苦味和醇厚度达到平衡,酸味弱甚至不易察觉。口感醇厚饱满,萃取稳定性高。意式咖啡熟拼或SOE的烘焙,常常选择这个烘焙度。风味表现为比较集中的烤坚果、香料、巧克力味。口感饱满圆润,苦味明显,酸味微弱,回甘好。烘焙好后放的时间稍久,豆表会出现点状油脂。

五、深度烘焙

深度烘焙(Dark Roast):普通半直火式烘焙机下,豆子温度在210－220℃。

熟豆豆表:黑褐色、黑色。

Agtron参考值:38－45。

烘焙进入此阶段,豆表颜色呈现黑褐色或黑色,豆表出油,风味表现更多的是黑巧克力的苦味、辛辣香料味等,浓烈、醇厚、酸,香气物质(花草、水果类)几乎减弱到无法感知。各产地的咖啡豆在这个烘焙度下,风味逐渐走向一致。此烘焙度一般适用于普通商业配方豆的烘焙。高品质咖啡豆极少烘焙到这个程度。

任务四　不同烘焙技巧的介绍与应用

咖啡烘焙的方法根据烘焙机性能、咖啡豆特性、目标客户要求、烘焙师性格等的不同,而呈现各式各样的手法。总结起来基本上是两大类:一是大火快炒;二是小火慢炒。

知识拓展

烘焙瑕疵学习与了解

一、大火快炒

大火快炒，一般控制在9—11分钟完成烘焙。火力配置按照前文提到的脱水期使用大火力让脱水的时间缩短，当到达转黄点以后，改用中大火力配合梅纳德反应。当快接近一爆或一爆开始时，使用中小火力小心地应对焦糖化反应，通过多次取样，观察豆子的颜色、膨胀率、香气的变化等，来决定最终出豆的时间。

大火快炒的方法一般烘焙度比较浅，适用于单品咖啡豆的烘焙。而不同国家、不同产区的高品质咖啡往往会保持其特殊的“地域风味”，这样的烘焙方法通常会更容易体现它们特有的花香、水果调性，酸甜感明显，有轻微的苦味，咖啡的风味与口感呈现出活泼清爽、明亮甘甜的特征。但这种方法的缺点在于烘焙时间较短，烘焙过程中咖啡豆的变化非常快，烘焙师稍有不慎就将错过最佳出豆时间，或者因为害怕错过最佳出豆时间而过早出豆，造成豆子没有烘透而夹生。所以，此种烘焙方法需要烘焙师有较高的烘焙技术和相对丰富的烘焙经验，以烘焙出合格的咖啡豆。

二、小火慢炒

小火慢炒，一般烘焙时间会在15分钟以上。火力配置在整个过程中会比大火快炒小很多，通过减小火力、拉长时间的方式来烘焙咖啡豆。这种方法烘焙的咖啡更多偏向于坚果、香料、焦糖的香气，有低酸、圆润、厚实的口感特征，更多使用在中深烘焙以上的配方咖啡的烘焙中。因为比较长的烘焙时间更容易让配方咖啡的风味显得统一、和谐。而其缺点在于：过长的烘焙时间会磨掉咖啡中大部分的酸味，让咖啡缺少活泼的动感，显得比较沉闷。过分地拉长烘焙时间还容易造成“焙烤”的烘焙缺陷，使咖啡除了呆板的苦味之外，没有任何味道。

以上两种不同的烘焙方式会造成迥异的咖啡风味，这没有对错之分，只是东西方对咖啡美学的诠释角度不同而已。

教学互动

使用色度仪测量咖啡熟豆的烘焙度Agrton值(豆表值和粉值)。

项目小结

本项目概述了咖啡生豆的烘焙，并详细介绍了咖啡烘焙过程中的物理变化和化学变化，以及烘焙完后咖啡烘焙度的区别，让学生能够全方位地学习和了解咖啡烘焙。

项目训练

1. 简述咖啡烘焙中的物理变化和化学变化。
2. 鉴别烘焙完的咖啡豆的烘焙度。

项目六
咖啡品鉴
——感官训练与杯测

项目描述

咖啡的产业链中有不同的工作角色，需要强调的是，对于从事咖啡的人来说，都需要具备一定的感官评价能力。因为无论是生豆质检员、烘焙师、采购商、门店品控或咖啡师，都需要在各自的工作环节不同程度上调用感官评价能力。

本项目整理了业内广泛被应用的感官品鉴的相关技能，这也是作为客观评价咖啡风味品质的开端。而将人们的感官知觉熟练应用到不同的工作角色中，仍需要大量的实操练习和大量的咖啡品鉴经验累积。

项目目标

知识目标

1. 对人类五大感官知觉进行明确的解释与划分。
2. 了解人类五大感官如何作用于咖啡质量的评价。

能力目标

1. 掌握品鉴咖啡时的评价标准。
2. 训练味觉辨识及不同味道的辨识。
3. 借助风味轮及闻香瓶训练嗅觉辨识能力。

素质目标

掌握咖啡杯测的标准和技能，为中国咖啡收购市场制定统一标准，以保障咖啡农获得公平合理的收购价格，保障中国咖啡种植产业的公平权益。

知识导图

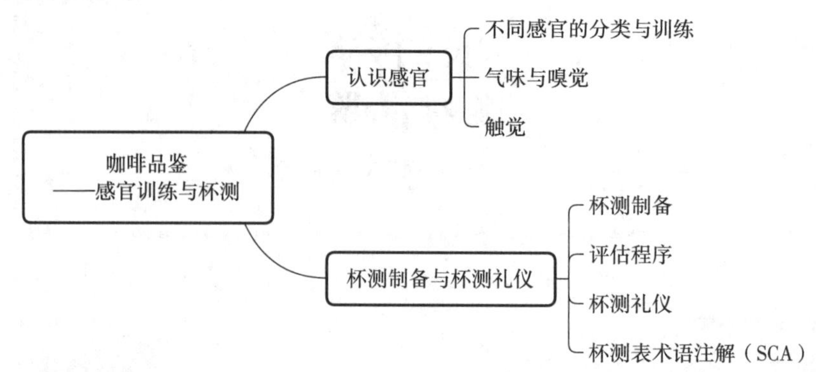

学习重点

1. 掌握嗅觉、味觉与触觉如何作用于咖啡的品鉴和质量评价。
2. 掌握咖啡杯测表的各个单项评价标准。

学习难点

1. 嗅觉训练与气味匹配。
2. 味觉训练与味道强度匹配。
3. 杯测表的运用。

项目导入

咖啡品鉴需要用到人体的视觉、听觉、嗅觉、味觉、触觉等多种感官感受，因此，需要加强相关人员的咖啡感官系统训练，以便他们能够客观地去评价一杯咖啡。

任务一　认识感官

通常认为，人具备五大感官知觉。它们分别借由眼睛、耳朵、鼻子、舌头、肌肉或皮肤作为接收器，从而产生了视觉、听觉、嗅觉、味觉、触觉这五大感官感受。我们在日常饮食中对于食物的感知，往往是综合以上5种感官反馈的整体感受，很少只感知到其中的一个孤立属性。

在学习咖啡品鉴的时候，我们动用最多的感官感受主要是味觉、嗅觉、触觉这三种。这些感官感受是如何独立被使用、被训练的？又是如何相互作用于评价杯中咖啡

品质的工作的呢？现在就让我们一起推动感官世界之门，去窥见咖啡的魅力吧！

一、不同感官的分类与训练

在咖啡的品鉴中，我们所理解的“风味”其实是一种包含了“味道”与“气味”“口感”的综合感受。在理想状态，它们如同管弦乐团演奏，在嘴巴的舞台上交织出美妙的篇章。在生活中，“味道”与“风味”(味觉)两个词经常被交替使用。但实际上，它们代表本质上截然不同的东西。想要入门咖啡品鉴的技艺，就要先尝试着理解这两者之间的差异。

(一)味道与味觉

基本的味道一般有6种：酸味、甜味、苦味、咸味、鲜味与油脂味。在吃东西时，我们通过舌头上发生的化学反应，接收到这些味道。所谓的化学分子接收器(Chemical Receptors)，就是大家所熟知的“味蕾”。味蕾主要分布于舌头、软腭、食道、脸颊、会厌(进食时用来盖住气管的那片软骨)。而约有一半的味蕾能够感受到每一种味道，其他的味蕾则对某些味道格外敏锐。一旦味蕾接收到味道时，就会马上发送信号到大脑。曾经有一种说法是，舌头的特定部位只可以尝到一些特定的味道。事实上，舌头的任何一个区域都能够接收到任一味道。

刺激味觉产生的物质均为可溶性化学物质。所以，我们一般无法品味到以非液体形式存在的物质。“风味”中的“味道”元素，是由大家所熟知的食物分子元素所组成的。例如，酸性物质、糖类、油脂与蛋白质。

1.咖啡中的甜味

咖啡中的甜味感受多来自碳水化合物中焦糖化的糖类物质和蛋白质中氨基酸复合物。人类的身体是喜欢甜的，当我们尝到甜味，身体随即意识到该食物含有简单的碳水化合物，也就是糖类物质。它能快速转化成人类大脑和肌肉运行的燃料。在人类感知到甜味的同时也会让大脑分泌多巴胺，这就是吃甜食让人们感到快乐的原因。

2.咖啡中咸味

咸味的感受多来自矿物质氧化物中的氧化钾、无水磷酸等。实际上，人们的味蕾感受器所承担的责任远多于对味道的品尝。当盐分摄入时，人类的身体会根据盐分浓度来调节体液，维持细胞的正常运作。盐分同时也能“唤醒”我们口中的味蕾，帮助我们加强接收其他的味道。在咖啡质量学会(CQI)罗布斯塔咖啡打分表中，有单独针对咸味和酸味相互制衡的评估项目。这是由于罗布斯塔咖啡中钾盐含量较高，有机酸较低。如若罗布斯塔咖啡中有较低的钾盐含量和较高的有机酸水平，则是该咖啡具备较高的品质的依据之一。

3.咖啡中的酸味

酸味多是由于一些非挥发性的酸，例如咖啡酸、柠檬酸、苹果酸、酒石酸所带来的。酸味可能暗示着食物尚未成熟或是已经酸败，以提醒我们要避开该食物。但某些酸味也是十分迷人的，它与咖啡中的甜味互相作用时，会呈现出活泼愉悦的感受。在料理食物时，酸味也可抵消过于浓烈的味道，例如油脂味。

4.咖啡中的苦味

苦味多是由于生物碱中的咖啡因、葫芦巴碱，以及非挥发性酸中的奎宁酸、酯类物质中的绿原酸、酚类物质中的酚类复合物造成的。说到苦的话题，尽管苦在我们的味谱中相比于酸、甜、咸、鲜没有那么被喜欢，但咖啡中的苦味是其所特有的，就像红酒中特有的单宁和啤酒所特有的啤酒花。如果从技术层面上，片面地将苦划分到负面属性中去是错误的。从生理层面讲，我们对于苦味的敏感度是最高的，因为它或许可以在一些特定情况下救自己一命。因为几乎所有的有毒物质都会具备明显的苦味，所以个人的敏感度可以在此时保护自己不至于中毒。因此，有些食物中的苦味，如咖啡、茶、可可、十字花科蔬菜等，对于味觉的整体感受是具备正面影响的，甚至是吸引人的。

5.咖啡中的鲜味

鲜味尽管其鉴别和命名不像甜味、咸味、酸味、苦味等味道一样丰富和明确，也很少在咖啡的评价中被使用，但它常作为味道中重要的一环出现在我们东方人的味谱中。鲜味在100多年前由一位日本化学家发现。人类的身体有第五种味觉感受器负责接收鲜味。谷氨酸钠(俗称味精)与鲜味有关，它来源于天然形成的氨基酸，可以在烹饪中起到强化风味的作用。而某些食材，例如蘑菇、番茄、酱油或肉类中也带有天然的鲜味。例如，当喝到一些高品质的、具备明显番茄风味调性的肯尼亚咖啡时，我们也会不自觉地产生一些类似“鲜味”的感受。

6.咖啡中的油脂味

是否将油脂归于味道，而不仅是口感，这个想法一直存在争议。然而近些年的研究发现，舌头能够接收到游离脂肪酸，它是一种可以组成膳食脂肪的化合物。目前，对于它的研究仍在进行中，但有越来越多的迹象表明油脂味或许是人类的第六种味觉。

在讨论了如此之多有关于“味道”的话题之后，我们知道，其实这些味道只有约20%作用于我们所讲的“风味”。那么，请思考剩下的作用于“风味”的80%来源于何处？下文将进行详细解释。

(二)味觉训练

学习评价咖啡味道属性时，应做的第一步是清晰地区分主导整体味觉感受的酸、甜、咸、苦。这主要是因为在咖啡中引起这4种味道的化合物数量较多。其次，应当在辨识出不同味道的前提下，进一步辨析味道的强度等级。最后，应当知道，在出现2种及以上的味道混合时，这些味道可能会影响彼此的识别或强度，甚至会由于相互作用而改变其品质。

不同人之间辨认和识别味道的阈值各不相同。目前，在行业中被广泛应用的感官训练项目中，味道的识别也是需要被“校准”的一项训练内容。训练与测试时，会使用相同的干净无异味的中性水作为基础溶液，按照一定的比例调和出单一或混合两种及以上味道且强度不同的溶液饮用(见表6-1)。

表6-1　调配不同味道的材料表

味道	材料
甜	蔗糖

续表

味道	材料
酸	柠檬酸
苦	咖啡因或奎宁
咸	氯化钠

接下来，就可以进行第一组溶液的品鉴(溶液可以在口腔内短暂停留后吐掉)。这一组是作为参考组出现的，目的是建立一个味觉强度"刻度"；帮助我们建立和校准在咖啡中对于每种味道不同强度等级的认知。

表6-2中的调味剂的比例是以1升水作为基础来进行调配的。

表6-2 调配味道训练的强度配方表

强度/味道	甜	酸	苦	咸
低强度	7.5克	0.25克	0.1克	1克
中强度	15克	0.5克	0.2克	2克
高强度	22.5克	0.75克	0.4克	3克

在确认过以上不同味道及强度等级后，可以使用盲测的形式再次进行匹配辨认。然后进行混合溶液辨识。

可以先尝试练习2种味道、不同强度的混合溶液训练。例如，"酸低强度＋咸高强度""甜中强度＋苦低强度"。以这种形式将溶液按照等比例混合放入随机编码的杯子中饮用，训练者应当先明确地辨认出这杯溶液中分别有哪2种味道，这2种味道又分别是什么强度等级。此时我们会发现，当不同味道、不同强度相互调和时，会产生一些微妙的变化，这些变化或许是强度等级，或许是味道特征，也或许两者兼具。之后可以加大辨认和训练的难度。

可以依循上面的方式，将3种味道、不同强度的溶液进行等比例混合。试试看，是否依然可以辨认出溶液混合的实际信息。

最后，设置一整组的溶液，建议该组溶液至少有6杯样品。在6个样品和杯子上应进行随机编码，以便于盲测。这些样品应包含2种或3种味道不同、强度不同的混合溶液(见表6-3)。

表6-3 调配溶液的参考

编号/味道	酸	甜	咸	苦
224	低	中	高	
146		高	低	
778		高	中	低
390	低			低
619		低	低	
565	高		中	低

当喝到224号样品时，首先应判断这杯溶液中出现的味道有2种还是3种，它们分别是什么味道，每一种味道又是什么强度等级。此时，应该可以明确感受到这项训练的难度，不妨将其作为强化训练和校准自己味觉的方式。如果可以清楚地辨认样品中是2种还是3种味道，并能说出是什么味道的时候，说明你就已经能够达到味觉训练的效果了，不需要在强度辨识的准确度上太苛刻。

二、气味与嗅觉

研究表明，人类可识别2000—4000种气味。如果没有嗅觉感官的作用，人们单靠味觉根本无法真正地享受美食。气味来自挥发性化合物，我们所吃的每一口食物中都包含了许多挥发性化合物，而咖啡中包含了1000多种。

可以自己尝试在喝咖啡时，捏住鼻子吞咽。此时，你只能感受到口中：温度或冰或热，触感或滑或涩，味道或苦或酸甜，甚至只有咸味的液体而已。如果不是我们的鼻子感知到上百个芳香化合物，无论多美味的咖啡都会变得索然无味。

所以，先给出上一话题中问题的答案——对风味贡献出高达80%作用的，其实是嗅觉捕获到的“气味”。无论是饮食还是品鉴咖啡，嗅觉的贡献远大于味觉。

在食物入口前，具备气味的一些化合物——芳香化合物就以气体作为介质，到达鼻子与咽喉的接收器细胞。当某种化合物抵达特定的接受器细胞时，该化合物就会马上与这些细胞结合，细胞又立即发出信号给大脑，然后再将信号翻译成该化合物特有的香味。像这样的一条路径，我们通常称之为“鼻前嗅觉”。一旦食物进入口腔，咀嚼和搅拌会使之释放出更多的芳香化合物，这些信号会寄存在人们的鼻子与喉咙里，通常称之为“鼻后嗅觉”。当大脑将嗅觉捕捉到的气味与味蕾采集到的味道结合到一起，这就最终形成了我们所认知的“风味”（见图6-1、图6-2）。

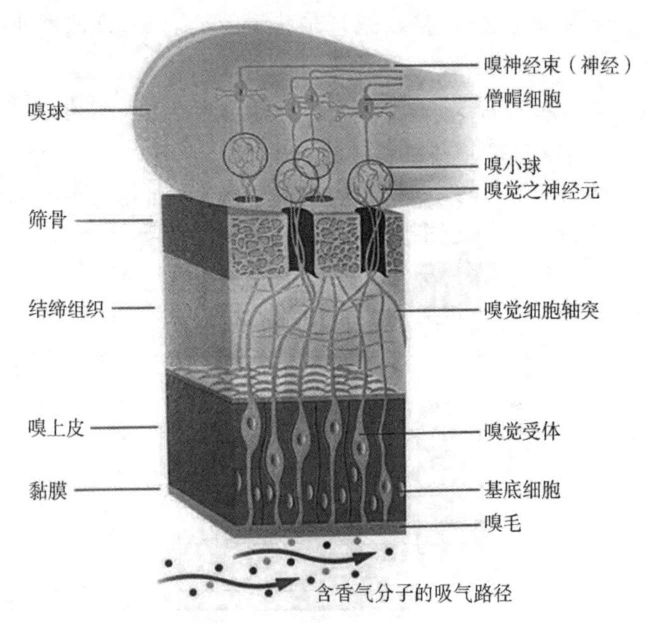

图6-1　嗅球与气味受体

（Johan Langenbick，Bernard Lahousse，Peter Councquyt《食物风味搭配科学》）

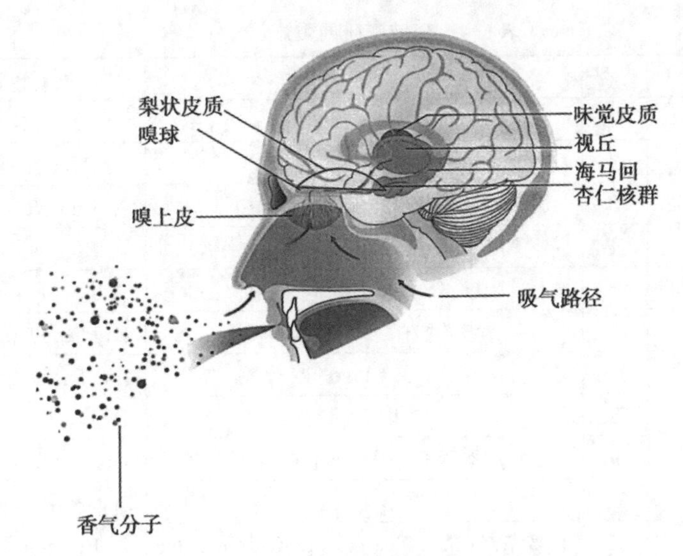

图6-2 鼻后嗅觉的作用过程

(Johan Langenbick,Bernard Lahousse,Peter Councquyt《食物风味搭配科学》)

(一)嗅觉训练

每个人的嗅觉敏感度都不一样,且常常会受到外界因素的影响。作为咖啡从业人员,尤其是杯测师,往往依赖于高度敏锐的气味认知。所以他们需要一定的手段针对嗅觉进行训练。训练嗅觉的工具有很多种,咖啡闻香瓶(见图6-3)是目前用来训练鼻前嗅觉的常见工具之一。

图6-3 用于鼻前嗅觉训练的咖啡闻香瓶

常见的36味咖啡闻香瓶(见表6-4),是由法国的一位香水研发者开发的,包含了咖啡中普遍出现的36种单一芳香气味。这些气味反映了由于烘焙度不同所产生的不同气味,或由于加工和储存的操作失误所产生的一些芳香污染。在此36种单一芳香气味的基础上,人们又进一步划分出酶促化组、焦糖化组、干馏组、芳香污染组(Enzymatic, Sugar Browning, Dry Distillation, and Aromatic Taints),每组包含9个瓶子(气味)。

表6-4　36味咖啡闻香瓶

	Spicies 分类	序号	香味	分组
咖啡闻香瓶	泥土 Earth	1	泥土 Earth	Taints 异味
	蔬菜 Vegetable	2	土豆 Potato	Emezytic 酶促化
		3	豌豆 Garden Peas	Emezytic 酶促化
		4	小黄瓜 Cucumber	Emezytic 酶促化
	干菜 Dry Vegetable	5	稻草 Straw	Taints 异味
	木材 Woody	6	雪松/香柏/西洋杉木 Cedar	Dry Distillation 干馏化
	香料 Spicy	7	丁香 Clove-like	Dry Distillation 干馏化
		8	胡椒 Pepper	Dry Distillation 干馏化
		9	香菜籽 Coriander Seeds	Dry Distillation 干馏化
		10	香草 Vanilla	Sugar Browning 焦糖化
	花香 Floral	11	玫瑰茶/红醋栗 Tea-rose/Redcurrant Jelly	Emezytic 酶促化
		12	咖啡花 Coffee Blossom	Emezytic 酶促化
	果香 Fruity	13	咖啡果肉 Coffee Pulp	Taints 异味
		14	果醋栗 Blackcurrant-like	Dry Distillation 干馏化
		15	柠檬 Lemon	Emezytic 酶促化
		16	杏 Apricot	Emezytic 酶促化
		17	苹果 Apple	Emezytic 酶促化
	动物 Animal	18	黄油 Butter	Sugar Browning 焦糖化
		19	蜂蜜 Honeyed	Emezytic 酶促化
		20	皮革 Leather	Taints 异味
	烘烤 Toasty	21	香米 Basmati Rice	Taints 异味
		22	吐司 Toast	Sugar Browning 焦糖化
		23	麦芽 Malt	Dry Distillation 干馏化
		24	枫糖浆 Maple Syrup	Dry Distillation 干馏化
		25	焦糖 Caramel	Sugar Browning 焦糖化
		26	黑巧克力 Dark Chocolate	Sugar Browning 焦糖化
		27	烘焙杏仁 Roasted Almonds	Sugar Browning 焦糖化
		28	烘焙花生 Roasted Peanuts	Sugar Browning 焦糖化
		29	烘焙果仁 Roasted Hazelnuts	Sugar Browning 焦糖化
		30	核桃 Walnut	Sugar Browning 焦糖化
		31	熟牛肉 Cooked Beef	Taints 异味
		32	烟熏 Smoke	Taints 异味
		33	烟丝 Pipe Tobacco	Dry Distillation 干馏化
		34	烘焙咖啡 Roasted Coffee	Dry Distillation 干馏化
	化学 Chemical	35	药味 Medicinal	Taints 异味
		36	橡胶 Rubber	Taints 异味

（二）风味轮

作为嗅觉训练和其他有关感官信息搭配出现的另一实用工具——风味轮（Coffee Taster's Flavor Wheel）（见图6-4），是由Ted R.Lingle先生设计研发的，并在咖啡行业内广泛应用。风味轮的外观看起来像是艺术家的配色环一样斑斓，不过想要完全地应用和解读风味轮，则需要细致地学习。

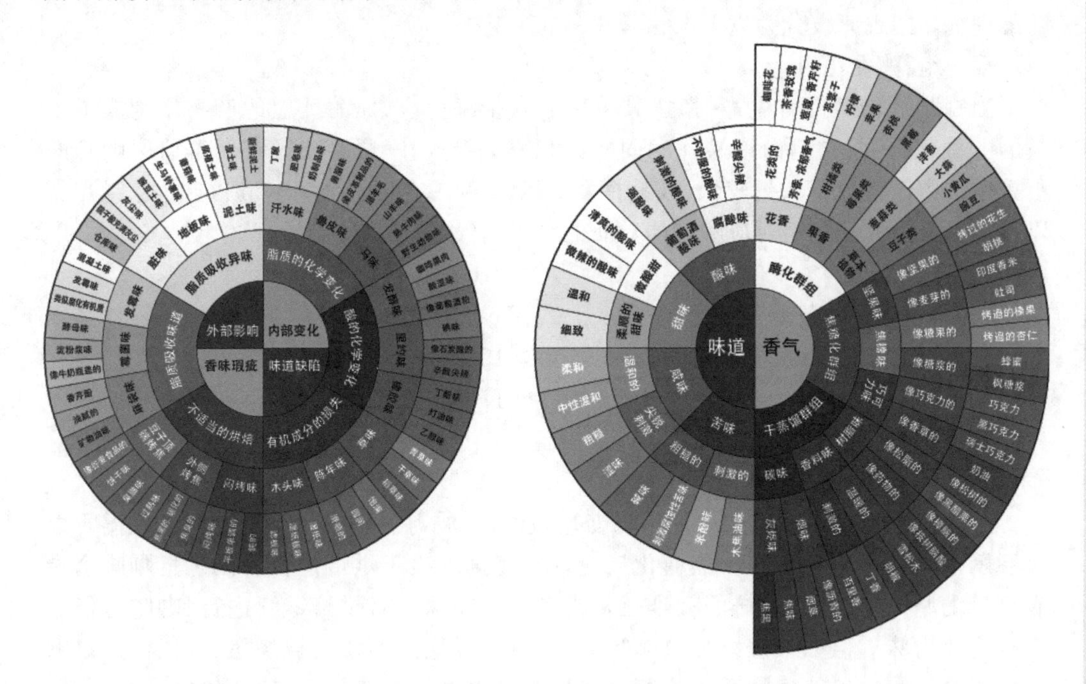

图6-4 SCAA风味轮

1.风味轮的“左轮”

风味轮整体分为左右两个主要部分。“左轮”通常是由于加工、干燥、仓储与运输等前置环节的操作失误，以及生豆陈化、烘焙失误所产生的负面味道。从“靶心”开始解读，这些负面风味的来源，被分为内部变化、外部影响、香味瑕疵、味道缺陷4种。而进一步关联和阐述则需要将视线转移至向外一环的内容。由此可知，外部的影响通常包含脂质物质吸收异味，内部变化是出于脂质的化学变化带来的一系列反应。而生豆的这些变化，又会带来特定的负面风味。继续向外环观察，这些负面风味又进一步被切分成更详细的组别，这些组别又指向更外环的、更具体的负面气味，如泥土味、皮革味、碘味等。在经历无数样品检测与品鉴的经验后，我们更能感受到风味轮对于咖啡中负面风味辨识和归因的巨大价值。比如，在产季初帮助咖啡种植生产者反馈实验批次时，可以捕获到瑕疵风味，对应风味轮指向的成因，结合经验与判断，及时向生产者反馈，并提出改进建议。又比如，在大货抽检时，配合一整套的检测手段，甄别不同批次间的瑕疵概率，对该批次进行分级和风险规避。

2.风味轮的“右轮”

右轮的左半个扇形正如“靶心”灰色部分，表明这是对咖啡中基础的4种味道的划

分。甜、酸、咸、苦4种味道又根据不同的味觉感受被拆分为8种主要味道以及更具体的正面或负面特征的表述。右半个扇形是对咖啡中常见芳香的区分。在建立芳香分组时,咖啡的芳香性化合物是通过2种方法分类的:第一种方法是依据不同组分的来源,第二种方法则是依据分子结构的相似性,主要是分子大小(分子重量)。分类后,便得到描述咖啡总体芳香概貌的9类芳香性化合物,包括花香类、果香类、香草类、坚果类、焦糖类、巧克力类、树脂类、香料类、木炭类。此时,我们可以配合36味闻香瓶进行匹配训练。闻香瓶被分为以下4组。

第一组:酶促化组。

当咖啡豆仍旧持有生命力时,其体内会发生酶反应,而酶反应的产物便构成了该组的芳香化合物,它们由最易挥发的酯类和醛类组成,一般会出现在新鲜研磨咖啡的干香中。由于其分子重量较低,极易挥发。风味轮中,包含3个基本组:花香类、果香类以及草香类。酶促化组对应咖啡闻香瓶的编码和气味分别是:

2,Potato 土豆　3,Garden Peas 豌豆

4,Cucumber 小黄瓜　11,Tea-rose/Redcurrant Jelly 玫瑰茶/红醋栗

12,Coffee Blossom 咖啡花　15,Lemon 柠檬

16,Apricot 杏　17,Apple 苹果

19,Honeyed 蜂蜜

第二组:焦糖化组。

焦糖化组是烘焙过程中糖发生褐变反应的产物。焦糖化组挥发性中等,在湿香以及吞咽后的鼻香均会出现。焦糖化反应产物完全取决于烘焙过程。浅烘焙咖啡会带有显著的坚果味,标准烘焙的咖啡豆常常含有焦糖味。若烘焙继续进行,咖啡可能会带有巧克力味。但如果继续加热咖啡豆,焦糖化反应产物便会被烧焦,所以深烘焙咖啡并不含有第二组芳香物质。该组由在烘焙过程中的焦糖化反应产物构成,亦分为3个基本组:坚果类、焦糖类和巧克力类。焦糖化组对应咖啡闻香瓶的编码和气味分别是:

10,Vanilla 香草　18,Butter 黄油

22,Toast 吐司　25,Caramel 焦糖

26,Dark Chocolate 黑巧克力　27,Roasted Almonds 烘焙杏仁

28,Roasted Peanuts 烘焙花生　29,Roasted Hazelnuts 烘焙果仁

30,Walnut 核桃

第三组:干馏化组。

干馏化组由咖啡纤维发生的干馏反应(燃烧)产物构成,这些化合物最不易挥发,常见于新鲜冲泡的咖啡的余韵中。该组包括3个基本组:树脂类、香料类和木炭类。干馏化组对应咖啡闻香瓶的编码和气味分别是:

6,Cedar 雪松/香柏/西洋杉木　7,Clove-like 丁香

8,Pepper 胡椒　9,Coriander Seeds 香菜籽

14,Blackcurrant-like 黑醋栗　23,Malt 麦芽

24,Maple Syrup 枫糖浆　33,Pipe Tobacco 烟丝

34,Roasted Coffee 烘焙咖啡

第四组:芳香污染组(异味组)。

芳香污染组是生产过程中的错误操作所导致,一般与咖啡豆的不当干燥或者储存有关。芳香污染组对应咖啡闻香瓶的编码和气味分别是:

1,Earth 泥土

5,Straw 稻草

13,Coffee Pulp 咖啡果肉

20,Leather 皮革

21,Basmati Rice 香米

31,Cooked Beef 熟牛肉

32,Smoke 烟熏

35,Medecimal 药味

36,Rubbe 橡胶

(三)使用咖啡闻香瓶的注意事项

第一,每次每人打开一瓶,可以闻瓶盖和瓶身捕获气味进行记忆。

第二,用后拧紧瓶盖,不要错盖。

第三,闻香瓶的使用寿命约3年,如果风味没有明显变质,可以继续使用。

第四,闻香瓶放置在避光避热的干净环境中更有利于储存。

以上介绍的感官训练工具仍然是有局限性的,可以作为训练感官能力的开端。在日常生活当中,也应当试着主动关注食物的气味,并且多接触未曾尝试过的食物或气味。要知道,我们不可能辨认出我们不认识的事物,就像我们不可能在大街上认出我们从未见过的人。认识任何新事物气味的时候都要和以前储存在记忆中的信息做比较。掌握的信息越多,越容易更快速地匹配、解释和描述咖啡中的气味。清晰、准确地描述我们的感官感受非常难,所以需要强化我们的记忆,进行重复感知和积累经验。

三、触觉

口感已经被证实可以在一定程度上改变大脑感知食物的味道与风味,所以口感在评估咖啡品质时,也有着举足轻重的作用。舒适、多层次的口感能够提升咖啡师对咖啡的整体感受。

(一)醇厚度的评价

在咖啡品鉴中,触觉更多的是依靠口腔的肌肉反馈。咖啡给人们带来的触觉感受来自悬浮在咖啡液中的不可溶性液态物质(油脂)和不可溶性固态物质(咖啡渣)。这些悬浮的不溶性物质,除了能增加咖啡的质感,还能通过生产咖啡胶体提升咖啡的风味。SCA杯测表中的“Body”醇厚度是指液体在口中的触感,尤其是舌头和上颚处感受最为真切。

醇厚度的评价包含两个维度:其一,描述了口腔中明显的黏度、丰满度和重量,范围从“薄、水”到“厚、重”;其二,指咖啡的触感、口感或质地,例如“顺滑/粗糙、软/硬、多汁/收敛”,或描述口感是“糖浆般的、奶油般的、涩的”等类似内容。

(二)咖啡中四种常见的口感/触觉感受

《世界咖啡感官研究词典》(*WCR Sensory Lexicon*)中定义了咖啡中4种常见的口

感/触觉感受。

干口/干涩(Mouth Drying):单宁酸与唾液蛋白结合,产生干涩感;舌头和嘴巴表面或边缘有干燥、收敛或刺痛的感觉;是一种负面的感受。

厚重(Thickness):舌头对于咖啡饮品的厚重感受。

金属感(Metallic):指一种与锡罐或铝箔有关的芳香和口感;是一种负面的口感类型。

油性/富含脂肪的(Oily):吞咽或吐出后残留在口腔表面的脂肪的量。

有意识地区分味觉、嗅觉与触觉这3种感官系统的不同作用,可以让咖啡师不断进行积累和比对,最终有助于提升咖啡师的感官分析技能。

任务二 杯测制备与杯测礼仪

咖啡杯测是一种对咖啡进行感官分析的实践活动,用于系统品鉴咖啡的香气、味道和质地。杯测通常应用在精品咖啡供应链的咖啡农场、脱壳干燥处理厂以及烘焙厂等地方。

一、杯测制备

(一)烘焙

使用烘焙后8—24小时的咖啡豆,豆表色值(Agtron)为58,粉值为63。可在8—12分钟完成烘焙,咖啡豆无局部和顶端烧焦,不可水冷。然后密封储存。

(二)定量

根据SCAA的杯测标准,咖啡冲煮最佳比率是每150毫升的水分配8.25克的咖啡。咖啡粉量和水比例约为1:18.18。可根据杯测容器的容量来设定粉量。

(三)样品设置

根据测试目的,每个样品可以选择称量1—5杯甚至更多。每杯样品应有编码或明确的标示。每个样品应配备清洗杯测勺的容器和水。

(四)杯测准备

样品在杯测前研磨,注水前摆放时间不超过15分钟,盖盖子不超过30分钟。每杯样品称量出合适的预定比率。

(五)研磨准备

关于咖啡杯测研磨度,SCAA的杯测标准是20号筛网(850微米)通过率在

70%－75%。每组样品研磨前使用相同的咖啡清洗磨豆机，每杯咖啡分开研磨，并保证研磨后的重量与研磨前的重量相同。样品在杯测前研磨，注水前摆放时间不超过15分钟，盖盖子不超过30分钟。应在此期间尽快完成干香评估。

（六）水质

杯测的水应清洁无异味，不得使用蒸馏水或软化水。理想的总固体溶解度是125－175 ppm，但不应超过100－250 ppm这个范围。

（七）注水

水温93 ℃，倒入热水，注水保证浸湿所有咖啡粉，使用同样的手法注入同等量的水，避免溢洒和过度搅拌。浸泡时间为3－5分钟，通常采用4分钟。静置浸泡期间可以捕捉到被测样品的湿香。

（八）破渣

可同时评估香气，迅速捞去咖啡浮渣。

（九）品鉴

冷却静置到71 ℃左右，需要8－10分钟。然后啜吸、品尝、清洁、记录。

二、评估程序

（一）干香

在研磨后的15分钟内进行评价。评价时，让鼻腔凑近样品嗅闻，避免用手触碰杯测碗，以免污染或干扰样品。

（二）破渣

浸泡3－5分钟后，将破渣用勺子搅拌3次，可将泡沫挡在勺子的背面嗅闻湿香，并对湿香做出评价。

（三）啜吸

当液体被吸入嘴里，液体会被雾化，以增大液体表面积，便于更有效率地捕获气味。同时，尽可能多地覆盖在口中各个区域。在样品冷却的过程中，应在不同的温度下去评估样品的不同属性的强度。在71 ℃时进行第一轮杯测，评估其风味、余韵；在61－70 ℃时，评价其酸度、醇厚度、一致性、平衡感；在38－60 ℃时，评估其干净度、甜度、总印象等。

知识拓展

咖啡究竟是什么味

(四)打分与记录

评估后要进行打分,并在刻度上进行标记。如果做了更改,可以重新在刻度上方画出箭头指示最终得分。当样品温度低于21 ℃时,杯测停止。同时,将最后得分填上。在评估之后,将所有的分数相加并评价。杯测咖啡样品的常用摆放顺序如图6-5所示。

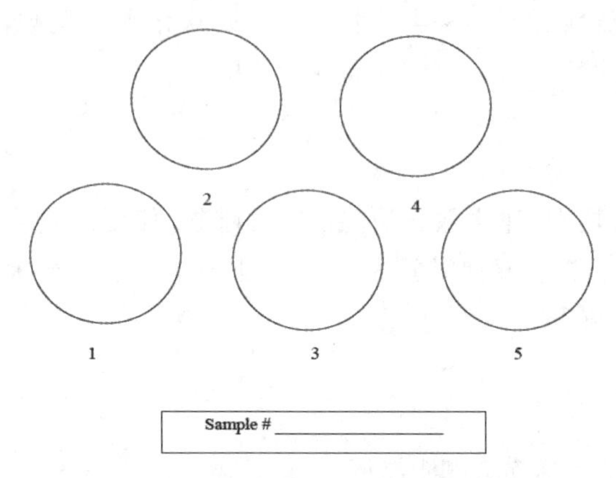

图6-5　杯测咖啡样品的常用摆放顺序

三、杯测礼仪

杯测礼仪列举如下。

(1)禁止干扰,保持手机静音。

(2)禁止吸烟后、就餐后立即进行杯测。

(3)避免刷牙和漱口后或食用薄荷糖、口香糖后马上进行杯测。

(4)杯测前,禁止使用香水或气味浓重的化妆品等。

(5)长发者应束发,避免长发影响杯测。

(6)评估期间禁止交谈,以免互相影响。

(7)主动关注自己的各种感觉,每次杯测保持一致、稳定。

(8)围绕桌子与组员移动方向一致,填表时注意让出空间。

(9)勿将自己的勺子放入其他人正在评估的杯测碗中。

(10)勿直接用手接触杯测碗。

(11)勿将杯测勺放入吐杯中,吐杯不可放置在杯测桌的桌面。

(12)在每杯样品交替取样时,应清洗杯测勺。

四、杯测表术语注解(SCA)

SCA(Specialty Coffee Association,精品咖啡协会)杯测表(见图6-6)是现阶段被广泛应用的咖啡杯测打分工具。它可以使业内专业人员能够快速做出购买决策;根据合同协议对咖啡批次进行评估;创建杯测结果记录。评价咖啡生豆的品质需要用到杯测

法,生豆质量的控制和评估生豆的保质期同样也会用到。SCA杯测将精品咖啡定义为“杯测满分100分的前提下,被测样品至少达到80分的杯品分数”。但SCA杯测形式并非鉴定咖啡品质的唯一形式,另有卓越杯(COE)、巴西杯测记录表等。在不同评价体系下,同一分数并不代表相同的咖啡品质或特征。熟练使用该表格不仅需要大量的练习,也需要不断地被校准。但SCA杯测表中拆分的10个单项打分,可以帮助我们在咖啡品鉴时从不同维度针对咖啡的品质进行较为完整的评估。我们先针对这些评估项目做出详细的解释,并尝试应用于咖啡烘焙豆的品鉴之中。

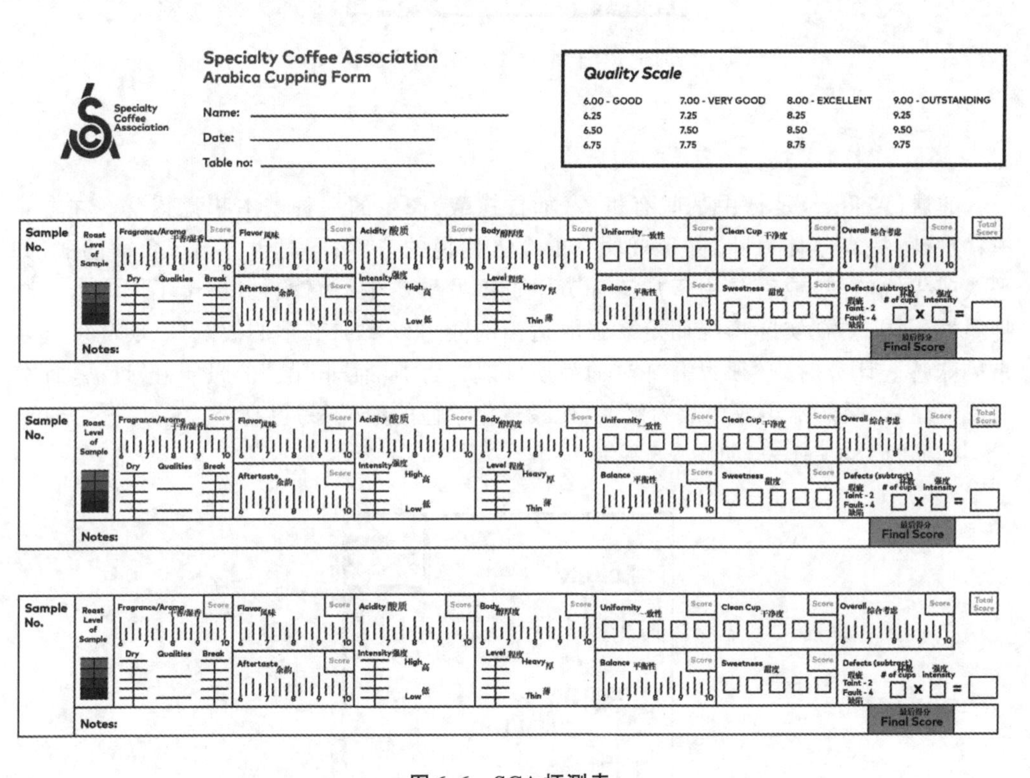

Specialty Coffee Association
Arabica Cupping Form

Specialty Coffee Association

Name:
Date:
Table no:

Quality Scale

6.00 - GOOD	7.00 - VERY GOOD	8.00 - EXCELLENT	9.00 - OUTSTANDING
6.25	7.25	8.25	9.25
6.50	7.50	8.50	9.50
6.75	7.75	8.75	9.75

Sample No. | Roast Level of Sample | Fragrance/Aroma 干香/湿香 Score (Dry, Qualities, Break) | Flavor 风味 Score | Aftertaste 余韵 Score | Acidity 酸质 Score | Intensity 强度 High 高 Low 低 | Body 醇厚度 Score | Level 程度 Heavy 厚 Thin 薄 | Uniformity 一致性 Score | Balance 平衡性 Score | Clean Cup 干净度 Score | Sweetness 甜度 Score | Overall 综合考虑 Score | Defects (subtract) 瑕疵 Taint - 2 Fault - 4 缺陷 # of cups 杯数 × Intensity 强度 = | Total Score | Notes: | 最后得分 Final Score

Sample No. | Roast Level of Sample | Fragrance/Aroma 干香/湿香 Score (Dry, Qualities, Break) | Flavor 风味 Score | Aftertaste 余韵 Score | Acidity 酸质 Score | Intensity 强度 High 高 Low 低 | Body 醇厚度 Score | Level 程度 Heavy 厚 Thin 薄 | Uniformity 一致性 Score | Balance 平衡性 Score | Clean Cup 干净度 Score | Sweetness 甜度 Score | Overall 综合考虑 Score | Defects (subtract) 瑕疵 Taint - 2 Fault - 4 缺陷 # of cups 杯数 × Intensity 强度 = | Total Score | Notes: | 最后得分 Final Score

Sample No. | Roast Level of Sample | Fragrance/Aroma 干香/湿香 Score (Dry, Qualities, Break) | Flavor 风味 Score | Aftertaste 余韵 Score | Acidity 酸质 Score | Intensity 强度 High 高 Low 低 | Body 醇厚度 Score | Level 程度 Heavy 厚 Thin 薄 | Uniformity 一致性 Score | Balance 平衡性 Score | Clean Cup 干净度 Score | Sweetness 甜度 Score | Overall 综合考虑 Score | Defects (subtract) 瑕疵 Taint - 2 Fault - 4 缺陷 # of cups 杯数 × Intensity 强度 = | Total Score | Notes: | 最后得分 Final Score

图6-6 SCA杯测表

(一)干香/湿香

芳香包括干香/湿香(Fragrance/Aroma),最后的得分可以反映样品在干香和湿香方面的特性,记录风味。

干香是指咖啡豆的香气和磨成粉且还未用热水冲泡前所散发的挥发性香气。湿香是指用热水冲泡咖啡粉后产生的香气。可以在热水冲泡咖啡粉后,将其浸泡3—5分钟,然后用杯测勺破渣,闻其破渣的湿香。

杯测过程中,如发现特殊的干香,可将其记录在香质(Qualities)一栏中,以免忘记。

干香和湿香打分项(样表)如图6-7所示。

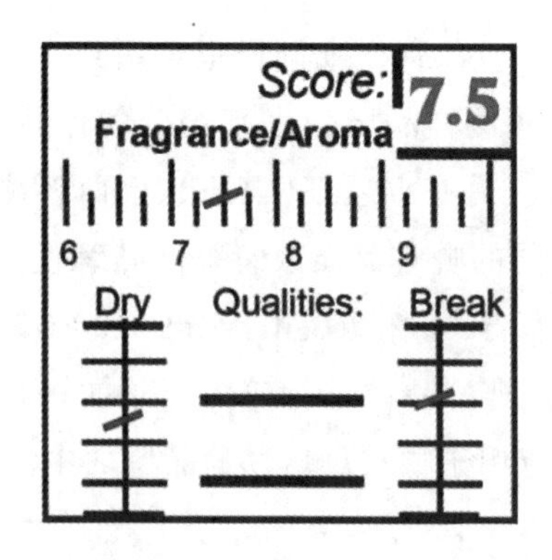

图6-7　干香/湿香打分项(样表)

(二)酸质

酸质(Acidity)是指由某些有机酸(如柠檬酸)产生的一种基本味觉感受。在咖啡中,酸味可提高整体风味,并形成明亮的令人愉悦的口感;同时也会出现负面的酸(如平淡或尖锐的酸,或者是由于加工环节中过度发酵产生的腐酸)。由于不同产地的咖啡属性不同,要视实际情况而定。强弱适当的酸可以增加咖啡的活跃性、明亮度和水果风味感。评分时,必须根据"酸"的品质(酸质)评判,而非"酸"的强弱(酸度)。评分时需要注意,酸而不实或欠缺内涵的"死酸"、化学性的酸,不易得高分。

酸质打分项(样表)如图6-8所示。

图6-8　酸质打分项(样表)

(三)醇厚度

醇厚度(Body)与味道的关联并不大,纯粹是口腔触感的一种,尤其是舌头、口腔与上腭对咖啡液的触感,不薄如水,充实,有"厚"度,是黏稠度和口感结合产生的感官体验。

醇厚度打分项(样表)如图6-9所示。

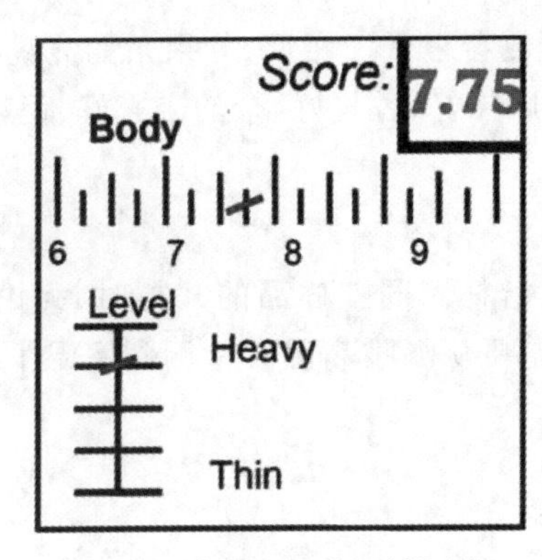

图6-9 醇厚度打分项(样表)

(四)风味

风味(Flavor)代表了咖啡的主要特征,记录了所有味觉和鼻后嗅觉的总印象。评分时,应该考虑到整体味觉和香气的强度、质量及其综合性,体验啜吸时咖啡液覆盖整个味蕾的感受。风味指的是"水溶性滋味+挥发性气味",是咖啡中的酸性脂肪和挥发性脂肪产生的一项综合感知。风味是由味觉对酸、甜、苦、咸4种滋味和嗅觉对气化物回鼻腔的气味汇总的整体感受。此评分栏需要体现滋味与气味的强度、品质和丰富度。

(五)甜度

甜度(Sweetness)是指一种愉悦丰满的味道,以及任何明显的甜味。甜度有两层含义:一是令人愉悦的圆润的甜感;二是先酸后甜的甜感。后者是碳水化合物和氨基酸在焦糖化和梅纳德反应后的酸甜产物,不仅是糖的甜感,更接近水果的酸甜感。

(六)洁净杯/干净度

干净,是指无负面风味(酚、霉、过度发酵等)。洁净杯/干净度(Clean Cup)是指尝到第一口至最后的余韵,没有令人不悦的杂味和口感。SCA杯测表的此项有5个小方格,表示5杯都要测味,哪一杯有不干净的味道出现,则在那一杯对应的方格标记并扣2分。

(七)平衡感

不同风味综合起来,进行补充或对比,会达到平衡。若样品缺乏某种风味或者在某一方面太强烈,那么平衡分则会减少。平衡感(Balance)是指整体风味的构成相互辅助所促成的一个整体,从高温到室温的变化是否平衡,如果接近室温时出现尖酸或苦涩,则打破了平衡,不易获得高分。

(八)余韵

余韵(Aftertaste)是指咖啡液吐掉后,留在口腔中的滋味。如果余韵出现令人不适

的苦涩或其他杂味，此项分数会很低。相反，如果余韵充满回甘、层次分明、持久悠长，会给高分。需要注意的是，风味好、香气好，余韵未必好，但风味差，余韵一定不好。

（九）一致性

一致性（Uniformity）是指杯测同一样品的几杯时，无论入口的香气、滋味和口感，均保持一致的稳定性。它需要从咖啡高温时检测到室温下的温咖啡才准确，有些瑕疵味会在降温时现出原形。

（十）整体/综合考虑

体现样品整体/综合考虑（Overall）的品质，符合预期品质的咖啡和体现特定原产地风味品质的咖啡将会得到更高的分数。此项给分相对主观，是对样品的香气、滋味和口感的综合评价。

（十一）瑕疵/缺陷

瑕疵是指有一种明显的异味，但不占主导感知；缺陷是指有压倒性的异味，甚至使咖啡难以下咽。瑕疵一定会影响一致性。

瑕疵扣分：首先需要确定是小瑕疵（Taint）还是大缺陷（Fault）。小瑕疵指尚未入口的咖啡粉干香和湿香的瑕疵气味，虽然严重，但没严重到难以下咽。大缺陷指瑕疵味严重到难以下口。

小瑕疵，每杯扣2分；大缺陷，每杯扣4分。

扣分＝缺点杯数×缺点强度。

（十二）总评

将干香/湿香、酸质、醇厚度、风味、甜度、洁净杯/干净度、平衡感、余韵、一致性、整体/综合考虑、总评的分数相加即为总分（Total Score）。

（十三）最终得分

总分扣掉瑕疵/缺陷栏分数，即最终得分（Final Score）。最终得分高于80分（含），即精品咖啡。

打分注意事项如下。

SCA杯测表从6分开始标注，一共分为4个级别：6分为“好”；7分为“非常好”；8分为“优秀”；9分为“超凡”。

另外，每个等级又分4个给分等级，给分单位是0.25分，所以，4个等级共16个给分点。SCA杯测表中，水平标注代表“质量”的好坏，垂直标注代表“强、中、弱”的高低，仅“干香/湿香”“酸质”“醇厚度”三栏涉及“强、中、弱”标记，但“强、中、弱”标记只供评审标注，无关分数。

咖啡样品打分（样表）如图6-10所示。

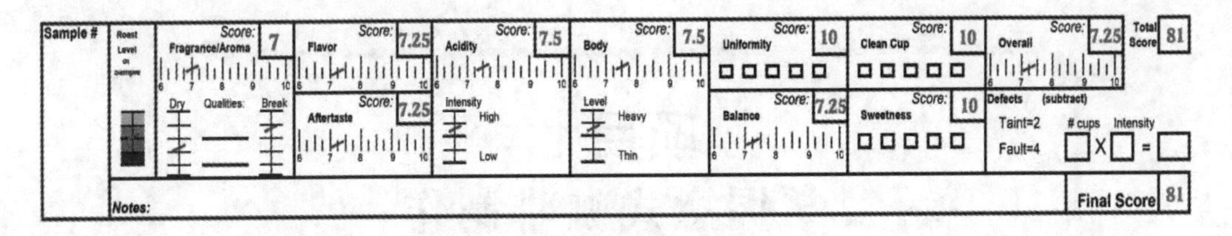

Sample #

Roast Level of Sample

Fragrance/Aroma Score: 7

Dry Qualities: Break

Flavor Score: 7.25

Aftertaste Score: 7.25

Acidity Score: 7.5

Intensity High Low

Body Score: 7.5

Level Heavy Thin

Uniformity Score: 10

Balance Score: 7.25

Clean Cup Score: 10

Sweetness Score: 10

Overall Score: 7.25

Total Score 81

Defects (subtract)

Taint=2 # cups Intensity

Fault=4 X =

Notes:

Final Score 81

图6-10 咖啡样品打分(样表)

教学互动

1.借助按比例调配的不同味道溶液,校准咖啡评价时对于不同强度味道的划分。

2.根据分组,进行4组/36味咖啡闻香瓶的鼻前嗅觉训练。

3.选取不同花、水果、香料等单一食材分别切碎装在干净的容器中,让学生戴上眼罩嗅闻辨认。

项目小结

本项目总结了咖啡行业广泛运用的感官运用理论,并配合实操训练,作为人们学习咖啡客观评价与品鉴的开端。

项目训练

1.尝试自己制作配比混合溶液,使用盲测的方式辨别溶液中的味道及强度。

2.学习使用SCA杯测表,为标准烘焙后的咖啡样品打分。

项目七
掌握意式咖啡制作
——意式咖啡制作及咖啡拉花技能

项目描述

"Espresso"素有"咖啡之魂"的美称，中文翻译为"浓缩咖啡"。对于咖啡馆来说，"没卖'Espresso'的咖啡馆就不是咖啡馆"，可见"Espresso"的重要性。

项目目标

知识目标

1. 掌握意式咖啡的基础知识。
2. 理解意式咖啡的发明与发展。
3. 了解意式咖啡的制作技能和拉花技能。

能力目标

具备意式咖啡制作和拉花技能。

素质目标

掌握意式咖啡制作技能，并树立咖啡师职业自信心。

知识导图

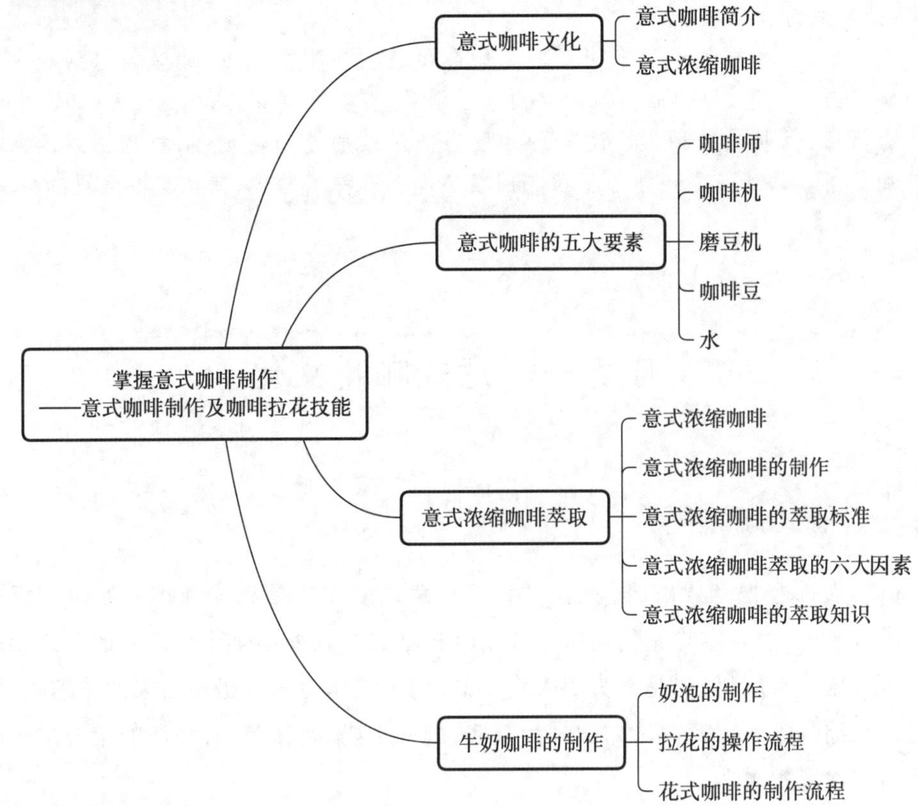

学习重点

1. 意式浓缩咖啡文化。
2. 牛奶咖啡的制作。

学习难点

意式浓缩咖啡的萃取。

项目导入

意式浓缩咖啡上为什么会有油脂?

剖析：

咖啡油脂并不是严格意义上的油脂，只是由于咖啡豆本身含有一定的脂肪性化合物，经过咖啡机高温高压萃取之后，水溶性脂肪化合物与二氧化碳短暂结合的产物，也就是俗称的咖啡油脂，意大利语为“Crema”。除了压力和温度会影响油脂外，还有咖啡豆的新鲜度、研磨度、烘焙度、豆子的含油率等因素都会对咖啡油脂造成影响。

咖啡油脂的作用大致有3个:

第一,增加口感。适当的油脂会增加入口时的香气,让人感到舒服,但油脂过多,则会成为扣分项。

第二,保护香气。萃取完成的油脂会覆盖在咖啡液上方,此时能起到减少芳香物质流失的作用,但油脂在短时间内就会消散,要抓紧喝完。

第三,保护拉花图案。适当的油脂会使溶液的流动性更强,拉花图案线条也会更加美丽。此外油脂还能保护拉花图案不那么容易消散掉,使拉花图案更加持久。

任务一　意式咖啡文化

一、意式咖啡简介

很多人都会把意式咖啡搞混,以为只有意式浓缩才是意式咖啡。那何为意式咖啡?通常来说,意式咖啡是指通过意式咖啡机萃取的浓缩咖啡作为基底的各式咖啡出品。蒸汽压力萃取机器,是意大利人发明的,由蒸汽压力咖啡机做出来的浓缩咖啡,就是意式浓缩咖啡。以意式浓缩咖啡为基底,配合牛奶、奶沫等,各种演变组合出来的咖啡饮品统称意式咖啡。

二、意式浓缩咖啡

“Espresso”,意大利语直译为“快速”,即“快速地制作,快速地饮用”,如此而已。然而,故事远非想象中的那么简单,由于意式浓缩咖啡全新的制作方法,使它跟其他更古老的咖啡制作方法区别开来,并且让那小小的咖啡豆爆发出前所未有的能量,让无数人为之着迷、为之倾倒。意式浓缩咖啡也延伸出了更多的内涵:一种经典的咖啡出品名;一种体现复杂香气、回味悠长的综合咖啡豆配方;一种体现咖啡师专业态度的“特意为您制作”的咖啡等。

意式浓缩咖啡由Espresso、Express、Expres翻译而来,它们在英语、法语和意大利语中有多种含义:一是来自压力,使用蒸汽的压力或挤压咖啡的意思;二是来自咖啡的制作速度和快速;三是咖啡一个接一个地制作——连续制作(见图7-1、图7-2、图7-3)。

Note

图7-1 Ristretto——15秒钟萃取的体积为20毫升的黑咖啡液体

图7-2 Espresso——30秒钟萃取的体积为30毫升的黑咖啡液体

图7-3 Lungo——1分钟萃取的体积为90毫升的黑咖啡液体

任务二　意式咖啡的五大要素

一、咖啡师

“咖啡师”这个词来源于意大利语，约从1990年开始，意大利文采用“Barista”这个单词来称呼制作浓缩咖啡(Espresso)相关饮品的吧台服务人员。咖啡师的工作肯定不

只是制作意大利浓缩咖啡,他们是为顾客提供美味咖啡和高质量服务的专业人士。

随着国民经济水平的提高和消费水平的进步,咖啡师在我国已经成为一种综合性强的职业。2022年,国家职业技能标准对咖啡师的职业定义为:在咖啡馆或西餐厅等咖啡服务场所,进行咖啡拼配、焙炒、制作销售及咖啡技艺展示工作的人员。

咖啡师需要熟悉咖啡文化、咖啡基础知识、咖啡制作方法及技巧,进行咖啡饮品的制作与调配,为顾客提供优质服务,并致力于咖啡行业相关研究,进行咖啡文化推广等。为了能给顾客提供美味的咖啡,咖啡师熟知咖啡豆的风味就显得十分重要,因此,咖啡师需要具备一定的咖啡品鉴能力。面对顾客多元的消费需求,咖啡师要通过现场咖啡饮品的制作和语言沟通,给顾客提供更好的咖啡体验。与此同时,在门店的经营管理方面,咖啡师作为产品的生产者以及与顾客直接沟通的第一人,在很多时候会作为门店经营重要的参与者,参与到门店的管理中去。在实际生活中,咖啡师这一职业的发展方向在后期也逐步向店长、管理岗位延伸。

二、咖啡机

意式咖啡机是制作意式咖啡的必备工具,也是制作优美拉花的保障。

1884年,在意大利都灵举办的世博会上,意大利人Angelo Moriondo为发明的机器申请了一项名为“蒸汽操作的快速制作咖啡的设备”的专利,这被誉为是意式咖啡机的雏形,也成为第一台使用水和蒸汽压力的大型咖啡设备;该专利在1884年11月得到更新。但它不同于之后的意式浓缩机,是一种容量更大的冲煮器具,可以同时为更多的客人制作咖啡。1901年,来自米兰的Luigi Bezzera为包含锅炉和4个组的机器申请专利。每组可以采用不同大小的过滤器,包含咖啡,煮沸的水和蒸汽被迫通过咖啡并进入杯中。

早期的浓缩咖啡机采用的是强制蒸汽通过咖啡的方法,所以会导致浓缩咖啡当中有挥之不去的烧焦的味道。1938年,Cremonesi开发了一种活塞泵,迫使热水(但不是沸腾的水)通过咖啡。它首先安装在Achille Gaggia的咖啡馆,但第二次世界大战阻止了当时的意式咖啡及意式咖啡机的进一步发展。

后来的咖啡冲煮头,不管煮了多少杯咖啡,都能源源不断地提供热水。冲煮时,冲煮头压力较为稳定,能够供应恒定压力和干燥的蒸汽,操作容易;高压蒸汽和水的混合物快速穿过咖啡层,能瞬间萃取出咖啡液体;分为全自动或半自动机。

(一)意式咖啡机的主要品牌

意式咖啡机的主要品牌包括Slayer(美国)、Synesso(美国)、Sanremo(意大利)、La Marzocco(意大利)、Wega(意大利)、格米莱(中国)、Rocket(意大利)、Faema(意大利)等。

(二)半自动意式咖啡机分类

按照用途分类:商用意式咖啡机、家用意式咖啡机、办公室用意式咖啡机。

按照操作分类:电控全自动操作咖啡机、手控半自动操作咖啡机。

按照锅炉分类:单锅炉热交换式咖啡机、双锅炉式咖啡机、多锅炉式咖啡机。

(三)半自动意式咖啡机结构

半自动意式咖啡机内部结构如图7-4所示。

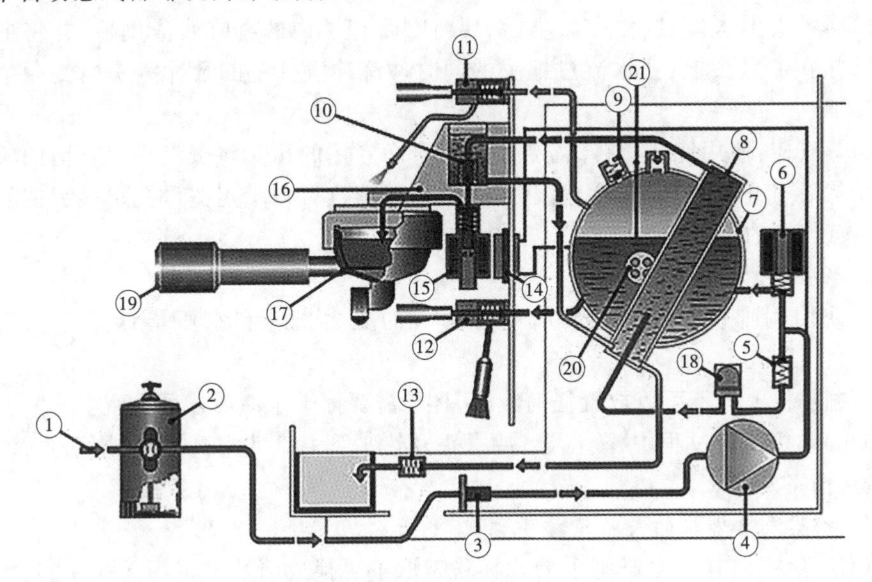

1.进水 2.滤水器 3.进水接口 4.帮浦(泵) 5.单向阀 6.进水电磁阀 7.锅炉 8.热交换器 9.安全气阀 10.过滤器 11.蒸汽阀 12.热水阀 13.废水阀 14.压力表 15.冲煮头电磁阀 16.冲煮头 17.把手过滤器 18.流量计 19.冲煮把手 20.加热元件 21.感应器

图7-4 半自动意式咖啡机内部构造图

半自动意式咖啡机外部结构如图7-5所示。

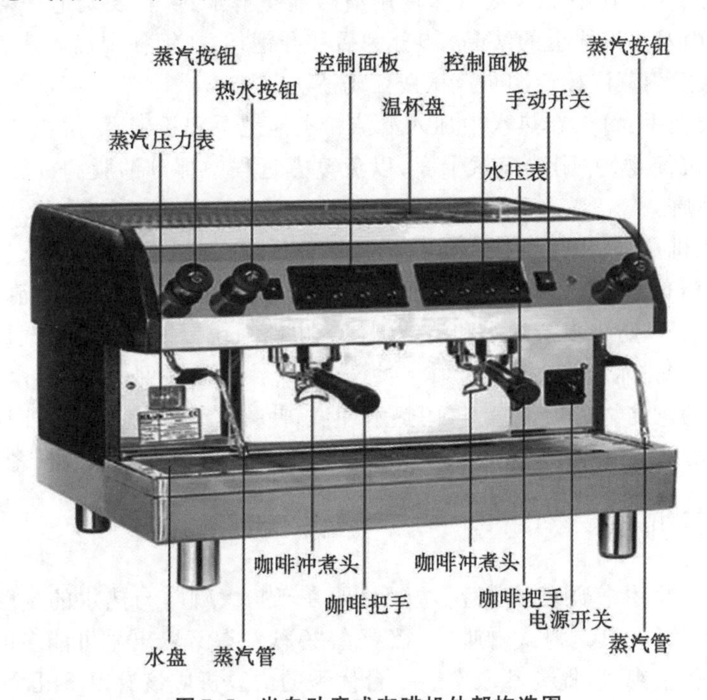

图7-5 半自动意式咖啡机外部构造图

（四）意式蒸汽咖啡机的清洁保养

1.使用时的清洁保养

(1)冲煮头出水口：制作完咖啡后，要将咖啡把手内的咖啡残渣倒掉，并将把手冲洗干净，扣在冲煮头上，让水流过把手的同时冲洗冲煮头垫圈及冲煮头内侧剩余的咖啡渣。

(2)蒸汽棒：使用完蒸汽棒，需要用一块干净专用的抹布将蒸汽头上残留的奶液擦洗干净，然后打开蒸汽按钮，让蒸汽喷出，喷出的蒸汽可以带走蒸汽孔里残留的奶液奶垢，维持蒸汽棒的干净卫生。

(3)停水时请勿使用咖啡机。

(4)使用咖啡机前请观察咖啡机压力表的压力指针和水压指针是否在正常区域内。

(5)咖啡机上方不可以放置任何液体，杯子需要擦干水渍后才可放置。

(6)咖啡机使用过程中，蒸汽棒、冲煮头及热水管温度非常高，不可用手直接接触，以免造成伤害。

2.意式蒸汽咖啡机的关机清洁步骤

(1)冲煮头：将任一咖啡把手的滤杯粉碗取下更换成清洗消毒用无孔粉碗，粉碗中放入一小匙清洁粉(2—3克)。将把手嵌入冲煮头中，按下萃取键约3秒后停止，等待约10秒后再次按键，如此重复3次后再将把手松开，按萃取键并左右摇晃把手，以冲洗冲煮头垫圈及冲煮头内侧，直至把手内的水变成干净无色为止。清洁完成后，再次扣紧把手，重复上述清洁过程，将残留的清洁消毒药粉冲洗干净。

(2)蒸汽棒：在钢杯中加入蒸汽棒专用清洁液和清水；像打发奶泡一样将水加热，以软化喷气孔内及蒸汽棒上的结晶，10分钟后移开钢杯；在钢杯中加入清水，重复几次之前的操作，然后用蒸汽棒专用布擦拭残留奶渍。

(3)粉碗及把手：每天在热水中加入清洁粉浸泡把手和粉碗，溶解出残留在把手上的咖啡油脂及沉淀物，并刷洗擦拭干净，以免蒸煮过程中部分油脂和沉淀物流入咖啡中，影响咖啡品质。

(4)咖啡机机身清洁：用湿抹布擦拭机身上的污渍，如需使用清洁剂，选用温和、不具腐蚀性的清洁剂将其喷于湿抹布上再擦拭机身(注意抹布不可太湿，清洁剂更不可直接喷于机身上，以防止多余的水和清洁剂渗入电路系统侵蚀电线造成短路)。

(5)接水盘和排水槽：将接水盘取下冲洗干净，擦干后装回；取下接水盘后用湿抹布将排水槽内的沉淀物清除干净，再用热水冲洗，使排水管保持畅通。如果排水不良，可将一小匙清洁粉倒入排水槽内，再用热水冲洗，以溶解排水管内的咖啡渣油。

三、磨豆机

磨豆机主要是用来研磨咖啡豆，主要目的在于扩大咖啡与热水的接触面，促使咖啡更充分地萃取。尤其是意式咖啡中，需要在20秒左右萃取出尽可能多的物质，所以需要把粉研磨得很细，以提高萃取率。一台优秀的磨豆机应该有以下几个特点：第一，

研磨出的咖啡粉粉径均匀,这样可以提供充足的水流阻力,增大萃取压力;第二,在快速研磨出定量的咖啡粉时,还要能减少摩擦引起的发热。这样可以更多地保留咖啡中的香气与风味;第三,在长期研磨时,要降低咖啡粉结块的概率。

(一)磨豆机均匀研磨的条件

(1)磨盘应该是由锥刀把咖啡豆磨成小颗粒,然后才是由平刀把小颗粒磨成粉末。

(2)磨盘应该由皮带驱动,尽量减少马达的热量对咖啡粉的影响。

(3)马达应该可以频繁开关而不会产生过多的热量。

(4)马达的内部最好可以配置小风扇,把热气带到磨豆机外。

(5)由磨盘直接到管道,尽量避免静电的影响。

(6)有定时定量装置,让咖啡师可以根据自己的需要预先设定,节约时间和成本。

(7)许多磨豆机是用一格一格的刻度调整粗细度的,刻度盘上有指针或是指示器。当刀叶磨损之后,刀叶之间的空隙会变大,原先设定的粗细度就不准了。这些机器只要调一点点,萃取时间就会发生相应的变化。熟练的咖啡师可以做更精细的调整。

(二)磨豆机的分类

磨豆机可分为分量式和定量式两种,如图7-6、图7-7所示。

图7-6 分量式磨豆机

图7-7 定量式磨豆机

磨豆机根据刀盘的形态又可以分为平刀式和锥刀式。

1.*平刀式*

平刀式磨豆机的刀盘由两块平行刀盘组成,一块固定于机身,另一块跟随电机旋转,往往可以达到很高的转速,而研磨度的调节也是通过控制两块刀盘间的距离来实现的,具有稳定、准确和容易微调的特点。正是因为上面这些特点,平刀刀盘十分契合意式咖啡快速出品、细研磨的需求,市面上大部分针对意式研磨的磨豆机,也都选择平刀刀盘。但是刀盘高速回转,且研磨路径较短,会产生较多的热能和细粉,咖啡香气容易挥发。因此,高档的意式咖啡机,刀盘的尺寸也更大,一次可以磨更多咖啡豆,借此增加研磨的效率,避免高转速产生热能。

2.锥刀式

锥刀式磨豆机有两个不同形态的刀头。锥刀是一种锥形的刀盘，它负责转动，再和一个环形的静止刀盘配合工作。锥刀是从上到下纵向研磨，路径较长。其优点是可以用较低的转速来达到较好的研磨效果，且产生的热能少，可以保留咖啡粉较多的香气，咖啡粉的粗细度较均匀，使风味的呈现更清晰。其缺点是价格也较贵。

意式磨豆机刀盘如图7-8所示。

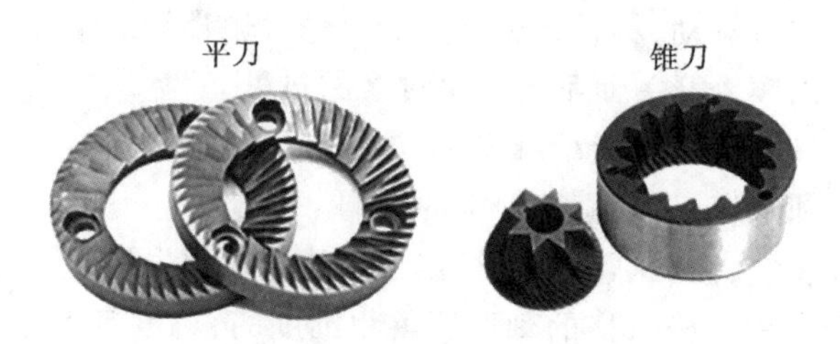

图7-8　意式磨豆机刀盘

四、咖啡豆

只有优质的咖啡豆，才能做出好喝的咖啡。用于制作意式咖啡的咖啡豆，分为拼配与SOE两种。

（一）拼配

意式咖啡，在早期全部是通过拼配的形式来进行咖啡豆烘焙。意式拼配咖啡豆是指将两种以上不同产地、不同处理法的咖啡豆按一定比例进行混合的咖啡豆。拼配的目的主要有以下几个。

第一，通过采用不同地区或品种的咖啡豆，可以有效降低咖啡豆的成本。一般早期的商业拼配咖啡豆都掺杂有罗布斯塔豆，用以降低成本，并可以通过罗布斯塔豆的特性带来油脂与苦味。

第二，不同产地、不同品种的咖啡豆，会带来不同的风味。通过一定比例的混合，可以更好地凸显或平衡某一种或多种风味，让咖啡带来更多的层次与口感。

第三，不同拼配方法可以让奶咖、黑咖进行更好的匹配，以提供更好的口感。这就是现在很多精品咖啡馆有很多台磨豆机的原因。

另外，随着精品咖啡市场的崛起，新兴的意式拼配方案也全部转为使用100%的阿拉比卡咖啡豆拼配。好处是，整体咖啡因含量降低，风味与层次更丰富。虽然价格略高，但获得了更好的品质，让咖啡不再只有苦味。

（二）SOE

精品咖啡的发展，也给意式咖啡带来了新的活力。目前市场上流行的SOE，就是精品咖啡的发展带来的一种变化。SOE是Single Origin Espresso的缩写。我们可以理解为：单一产地的浓缩咖啡。说白了就是把精品咖啡按适合意式咖啡机萃取的烘焙度烘焙，用来制作意式咖啡。不同产地、处理法、烘焙度的SOE可以让浓缩、黑咖、奶咖呈

现出不同的风味走向与更丰富的香气、甜感与酸质。但因为豆子本身品质较高,因此成本会比拼配豆高一些,这也是很多咖啡馆换用SOE豆子会额外加钱的原因。

知识拓展

什么是SOE

五、水

众所周知,一杯咖啡约98%是水,所以在咖啡制作中,水质起着至关重要的作用。因此,冲煮咖啡用的水要先经过碳过滤,而且没有异味,但这仅仅只是优质冲泡用水的基本要求。为了得到更好喝的咖啡,所用的水应该是中性酸碱度,有一定的硬度、含碱量和总溶解物质。

水质的差异来自水自身的溶解能力。在制作咖啡时,我们通常计算的是水的整体矿物质含量,用专业术语来讲就是可溶解物质总量(Total Dissolved Solids,TDS),计算单位为百万分之一(ppm)。我们认为适合制作咖啡的水的可溶解物质含量应为75—250 ppm。水就像是海绵,其可溶解物质的总量是有限的。如果水中矿物质含量很高,这就好比是海绵已经吸收了很多水分,由于剩余空间极为有限,水就很难将咖啡充分溶解。

水的硬度由阴离子(如亚硫酸盐、碳酸盐等)和阳离子(钙、镁和其他)构成。硬度有两种类型——永久硬度和暂时硬度,两者之和就是水的总硬度。永久硬度大部分由硫酸盐构成,当水被加热时,它们不会产生沉淀。而暂时硬度是由碳酸盐和碳酸氢盐构成,它们在加热条件下会产生水垢,短时间内就能降低咖啡机的性能和表现。痛点在于,高硬度的水会让咖啡表现更好,但是这与咖啡机必要的有效保养相冲突。实际上,钙在咖啡的黏稠度、油脂的弹性及稳定性上起着非常重要的作用。

针对冲煮咖啡的水中矿物质含量标准,有如下要求:它应该是干净并且无色、无味的;pH值应为中性,含有75—250 mg/L的可溶解矿物质,大约含有10 mg/L的钠,大约40 mg/L的含碱量和68 mg/L的硬度。(项目八附详细说明)

任务三 意式浓缩咖啡萃取

一、意式浓缩咖啡

意式浓缩(Esprsesso)咖啡主要由顶部的油脂(Crema)和杯中的咖啡液组成。油脂指的是一种红棕色的泡沫,漂浮在浓缩咖啡表面,由植物油、蛋白质以及糖类所构成。一杯高品质的意式浓缩咖啡要有丰富细腻的油脂,酸、甜、苦平衡,口感顺滑,具有较好的醇厚度和风味。浓缩咖啡有着比滴滤式咖啡更浓稠的质感,每单位体积内含有比滴滤式咖啡更多的溶解物质;通常供应量是以“份”(Shot)来计算。我们从意式浓缩咖啡的概念可以发现其特点是细研磨、高压、速度快、浓度高。为了能萃取出这样的咖啡,水、咖啡豆的品质以及咖啡豆的烘焙度、咖啡机的压力等每一个环节都非常重要,更为关键的是咖啡师的技术与经验。

二、意式浓缩咖啡的制作

意式浓缩咖啡的制作过程是将温度90—96℃的热水，以8—10个大气压力，单头建议用7—14克（双头建议16—22克）的咖啡粉，在20—30秒时间内萃取出。建议单份25—35毫升（双份50—70毫升）的咖啡液，粉液比建议1:1.75—1:2.25(以克为单位)。根据咖啡豆的种类、烘焙方式，以及咖啡风味的不同，具体使用的咖啡粉量、萃取时间以及萃取的咖啡液粉量都会有所不同。

冲煮浓缩咖啡的基本流程如下。

(1)温杯：温热咖啡杯。

(2)清洁冲煮头及把手：取下冲煮把手并放水，把冲煮头和粉碗清理干净(见图7-9)。

图7-9　清洁

(3)取粉：用磨豆机研磨咖啡粉，取适量的咖啡粉填入粉碗中(见图7-10)。

图7-10　取粉

(4)布粉：将咖啡粉均匀地分布在粉碗中(见图7-11)。

Note

图 7-11　布粉

(5)填压:用填压器把咖啡粉压实填平(见图 7-12)。

图 7-12　填压

(6)清洁把手边缘:清洁把手周围残留的咖啡粉(见图 7-13)。

图 7-13　清洁把手边缘

(7)放水:放掉管道残留的冷却水,保证萃取水温更平衡(见图 7-14)。

图 7-14　放水

(8)扣上把手:迅速扣上把手,注意安装的角度和位置。

(9)立即萃取:立即启动冲煮键开始萃取(见图 7-15)。

(10)观察萃取情况:建议萃取量应为单份 25—35 毫升(双份 50—70 毫升),于 20—30 秒萃取完成。

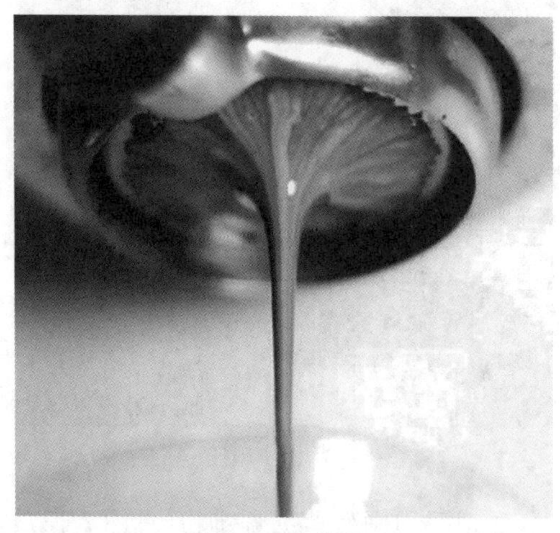

图 7-15　萃取

(11)立即出品:萃取好的浓缩咖啡应立即出品给顾客,以提供最佳风味。

(12)取下把手清除咖啡渣。

(13)清洁粉碗及冲煮头。

(14)扣回把手以保持温度。

三、意式浓缩咖啡的萃取标准

咖啡粉量:建议 7—14 克(双份 16—22 克)。

水温:90—96 ℃。

压力:8—10 bar。

萃取时间:20—30 秒。

萃取量:建议 25—35 毫升(双份 50—70 毫升)或粉液比建议 1∶1.75—1∶2.25(以克为单位)。

四、意式浓缩咖啡萃取的六大因素

(一)研磨度

研磨度越粗,颗粒越大,与水接触的面积越小,在等量的意式浓缩中萃取速度相对快,萃取时间短,容易造成萃取不足;研磨度越细,颗粒越小,与水接触的面积越大,在等量的意式浓缩中萃取速度相对慢,萃取时间长,容易造成萃取过度。

(二)粉量

咖啡粉量越多,水穿过咖啡粉饼的速度越慢,在等长的萃取时间内萃取速度相对慢,萃取时间长,容易造成萃取过度;咖啡粉量越少,水穿过咖啡粉饼的速度越快,在等长的萃取时间内萃取速度相对快,萃取时间短,容易造成萃取不足。

(三)填压

1.粉饼不完整

在填压时进行了两次或多次填压,容易造成粉饼里面不均匀,从而使粉饼分层,粉饼内密度不同,密度不同就无法由外而内地做渐层式的萃取。这样会造成通道效应,当冲煮加压的水在包覆粉饼时,就会往通道里走,造成萃取不完整。

知识拓展

通道效应

2.填压不平整

在填压时用力不均匀,会造成咖啡粉在粉碗里分布不均匀,萃取时水流优先从粉量较少的地方通过,容易造成萃取不均匀。

(四)水温、水压

若咖啡机水温与水压不在正常范围,则会对咖啡萃取产生影响。

(五)液量和时间

萃取时间越长,得到的咖啡液量越多,过长的萃取时间容易造成萃取过度;萃取时间越短,得到的咖啡液量越少,过短的萃取时间容易造成萃取不足。

(六)温杯

为了追求更好的风味体验,制作意式浓缩咖啡前需要提前温热杯子。缺少温杯这一步骤的话,咖啡液流入杯中时温度会很快下降,风味也会大打折扣。

五、意式浓缩咖啡的萃取知识

(一)咖啡磨豆机对咖啡的影响

1.均匀度

较粗的咖啡颗粒很容易造成萃取不足,而较细的颗粒会被造成萃取过度,所以用

粗细跨度较大的咖啡粉进行萃取，会让人尝到更多浑浊、刺激的杂味。而用研磨颗粒大小基本相同、形状相对接近的咖啡粉进行萃取，味道呈现会更加明亮、强烈，风味特性的表现也更清晰、一致。

2.细粉量

接近于面粉的咖啡粉会很容易萃取过度，甚至溶解于水中，从而影响咖啡的萃取味道。细粉越多，咖啡越容易萃取过度，味道也越苦、越杂。在制作浓缩咖啡时，细粉会先被水流冲出进入杯中，如果萃取得当，浓密的油脂会将细粉托起，使细粉浮于油脂表面，形成漂亮的“虎斑”。但“虎斑”并不能代表浓缩咖啡的味道如何。可以通过选用性能更好的磨豆机或使用筛网来减少细粉的产生。但如果完全没有细粉，冲煮出来的咖啡也会缺少层次感，此中平衡只可通过实践把握，不可言传。

3.发热量

任何磨豆机的磨盘在磨粉过程中都会产生热量，咖啡粉受热会加速氧化过程，加速香气挥发，导致冲煮后的咖啡风味减弱。刀盘的发热量取决于磨盘大小、用料材质、刀型结构、磨粉细度、电机转速、咖啡豆硬度及质地等诸多因素。因此，目前大品牌的磨豆机都开始配备散热窗、制冷风扇，选用更易散热的金属，或以更高扭力低转速的电机马达来驱动刀盘，从而减少热量的产生。同一热研磨机的萃取流速与同一研磨机在温度较低时更快。

4.静电

一般来讲，研磨越细、磨粉越快的磨豆机，产生的静电越强；内部材质为塑料，下粉口没有采用减少静电设计的磨豆机，产生的静电更强；对油脂丰厚、烘焙度较深的咖啡豆进行研磨，产生的静电更强。意式磨豆机在磨粉时往往会出现细粉结成团状的情况，影响布粉后的密度，造成萃取不均；而单品磨豆机出粉口的吸铁石则会通过静电吸附银皮和细粉，帮助减少萃取过度的味道和杂味。

（二）研磨度（磨豆机）与意式咖啡萃取时间的关系

研磨度越粗，颗粒越大，与水接触的面积越小，在等量的30毫升意式浓缩咖啡中萃取速度相对快，萃取时间短，味道偏淡；研磨度越细，颗粒越小，与水接触的面积越大，在等量的30毫升意式浓缩咖啡中萃取速度相对慢，萃取时间长，味道偏苦。

研磨度对意式浓缩咖啡制作的影响如图7-16所示。

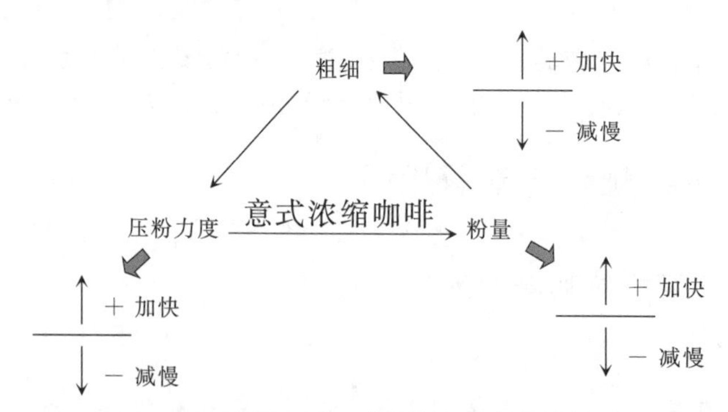

图7-16　研磨度对意式浓缩咖啡制作的影响

(三)萃取率与浓度

1. 萃取率

意式咖啡中的成分中约有30%为可溶于水的成分,要得到一杯好喝的咖啡,并非要萃取出最大值,而是萃取出适量的可溶解成分。以投入量对照完成成品的比例,萃取率在18%—22%算是理想的数值。

2. 浓度

一般以气体或液体浓或淡的程度表现,来说明咖啡浓度的程度。浓度是指一杯咖啡中溶解的固体成分分量,主要使用测量液体固型成分的TDS检测仪。浓度会受萃取率的影响,理想的意式浓缩咖啡的浓度为8%—12%。

3. 萃取现象

(1)萃取不足:水没有完全将咖啡中的可溶性物质带出来,香气成分不足,味道很淡,酸味比较强烈,还会带有一些咸味。萃取不足的因素:研磨度过粗、水温过低、咖啡机压力过大、粉量过少、压粉力度过轻、萃取量不够等。

(2)过度萃取:水将咖啡中可溶性物质过多地带出来,整体口感苦涩持久,香气负面空洞,焦炭味道明显。过度萃取的因素:研磨度过细、水温过高、咖啡机压力过小、粉量过多、压粉力度过大等。

(3)粉饼过湿,表面呈沙滩状。成因:深烘焙豆子,粉过细,量过少(见图7-17)。

(4)粉饼过干,表面颜色不均。成因:粉过多,粉过粗,浅焙豆子(见图7-18)。

(5)油脂问题。意式浓缩咖啡萃取时油脂的问题与解决办法如表7-1所示。

图7-17 粉饼过湿,表面呈沙滩状

图7-18 粉饼过干,表面颜色不均

表7-1　意式浓缩咖啡萃取时油脂的问题与解决办法

问题	原因	解决办法
浅色的油脂	磨豆机刻度太粗	调细到适当的研磨度
	压粉饼的力量弱	增加压力
	粉量少	增加粉量
深色的油脂	磨豆机刻度太细	调粗到适当的研磨度
	压粉饼的力量大	减小压力
	粉量多	减小粉量
存有咖啡渣	磨豆机刻度太细	调粗到适当刻度
	刀盘使用时间太长	更换刀盘

（四）影响一杯意式浓缩咖啡的原因总结

(1)环境诱因:湿度、温度、光线直射。

(2)设备关联诱因:磨豆机刀片磨损程度、磨豆机刀片清洁度、咖啡机冲煮压力、咖啡机冲煮水温、咖啡机清洁度。

(3)材料诱因:水的纯度、矿物质含量,咖啡豆的新鲜度、烘焙度,咖啡豆的拼配。

(4)咖啡师技术:布粉、压粉、意式浓缩咖啡萃取时间、咖啡磨豆机研磨度的调节、制作时的清洁度。

任务四　牛奶咖啡的制作

咖啡拉花的英文是“Latte art”,顾名思义就是拿铁艺术,即利用奶泡在咖啡上作画。一般拉花咖啡的基底都是“Espresso”(浓缩咖啡),利用浓缩咖啡上的油脂,托起由微小气泡所组成的奶泡。将奶泡和油脂排列,就可以做出各式各样的图案。所以,拉花成功与否的关键,除了咖啡师的技术,奶泡及咖啡油脂也是重要的因素。

一、奶泡的制作

（一）牛奶的主要成分

牛奶的化学成分超过100多种,但主要成分为水、蛋白质、脂肪、乳糖、矿物质、维生素。蛋白质是牛奶的重要营养物质,含量为3.4%。对于咖啡饮品,蛋白质的主要作用是形成和稳定奶泡,通过阻隔牛奶和空气来防止奶泡奶沫中的微小气孔爆破或者消失。牛奶中脂肪含量约占3.6%,且呈乳糜化状态,以极小的脂肪球的形式存在。脂肪

让牛奶增加了厚重感和丰富口感。乳糖是牛奶中特有的碳水化合物，含量为4.9%左右，其他食物中不含乳糖。乳糖不是特别甜，口感圆润缓和。牛奶中含有丰富的钙，含量为120毫克/100克，且钙磷比例适当，有利于钙的吸收。

牛奶不可久煮或者加热温度过高。牛奶受到过度加热后，蛋白质分子结构会被破坏，脂肪与水开始分离，导致牛奶不那么适口、甜度下降，过度加热还会导致其营养成分的损失。过高的温度不仅喝起来烫口，而且使咖啡呈水感，奶泡分层明显。

空气通过蒸汽棒打入牛奶之后形成奶泡，像是蛋白质这种脂肪分子可以稳定奶泡形成后的状态。脂肪含量较高的牛奶在低于室内温度的情况下将会产生更稳定的泡沫。所以制作奶咖，要选用发泡率比较好的牛奶。在选择牛奶的时候，也可以根据其物质成分含量进行个性化选择：碳水化合物含量高的牛奶，打发后甜度更高；乳脂含量相对高的牛奶，打发的奶泡更绵密。全脂牛奶会有更丰盈的口感和厚重的奶泡，而低脂牛奶在打发时更容易产生大气泡。

（二）奶泡的形成原理

简单来讲，奶泡就是用带有压力的热蒸汽，把空气打进牛奶中所形成的泡沫。

首先需要了解的是，牛奶中主要含有两类蛋白质——酪蛋白和乳清蛋白，它们存在于均质奶中脂肪球的表面。在牛乳3%－4%的蛋白质含量中，酪蛋白大约占到蛋白质总含量的80%，乳清蛋白则约占蛋白质总含量的20%。

牛奶包含物质如图7-19所示。

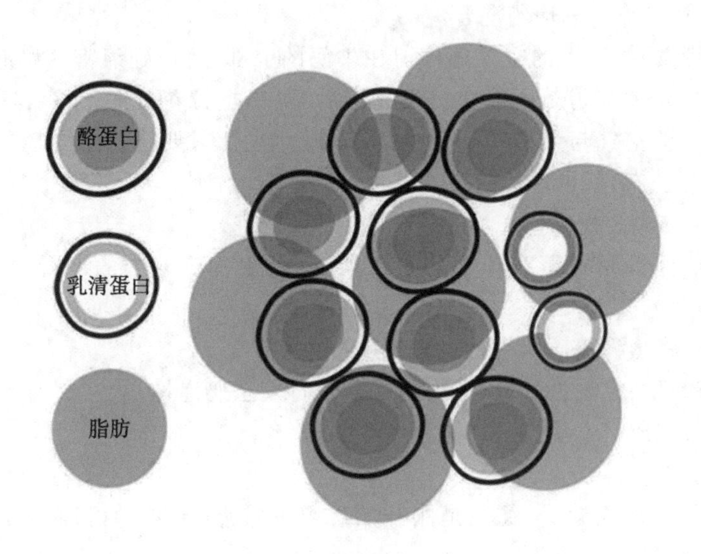

图7-19 牛奶包含物质

当使用咖啡机的蒸汽棒或任何类型的起泡设备将牛奶变成泡沫时，有数百万个微小的气泡被注入牛奶中。在这种情况下，乳清蛋白广泛聚集，并造成酪蛋白、乳清蛋白的双向聚集，它们包裹在气泡外，形成奶泡（见图7-20）。优质的蛋白质在聚集时更快、更紧密，在乳脂肪黏性的共同作用下，蛋白质分子被稳定地缠绕在气泡上，产生保护层，避免泡沫破裂。

图 7-20 奶泡的结构

(三)奶泡的打发流程

1. 牛奶的打发有两个阶段

第一阶段:打发——注入空气。

打开蒸汽棒的时候,我们可以听到“滋滋”的声音,这代表空气正打入牛奶中,这也是后面形成奶泡的基础。同时,牛奶会开始旋转,因为有空气进入,牛奶的体积会慢慢变大,我们也能看到液面慢慢上升。

第二阶段:打绵——均匀混合。

因为在打发时,注入的空气还停留在牛奶的上部,要得到绵密的奶泡,需要将空气和牛奶混合得更加均匀。所以在打发完毕后,可以把拉花缸向上平移一点,通过牛奶的旋转将上部的空气与粗糙的奶泡卷入下方。最后,只要维持这个动作,知道牛奶的温度达到55 ℃左右,就可以关闭蒸汽棒了。

2. 打发奶泡的具体流程

(1)放气:将残留在蒸汽棒中的水汽清除,解决蒸汽棒中的冷凝水和清洁牛奶的污垢。

(2)打发:将蒸汽棒插入牛奶表面约3毫米的深度。

(3)完成打发:控制进气量,根据出品需求打发至奶泡量。

(4)清洁:完成打发动作后清洁蒸汽棒。

3. 注意事项

让牛奶旋转形成漩涡,往往是刚开始练习的难点,咖啡师可以从以下3个方面入手,给蒸汽棒“定位”。

1)角度

无论拉花缸是什么角度和位置,牛奶液面总会保持水平的,所以可以用液面作为参考给蒸汽棒找角度,蒸汽棒和液面一般形成50°—60°的夹角(见图7-21)。只要找好蒸汽棒在奶缸里的角度,在打发奶泡的时候就能轻松形成漩涡,漩涡会吸入所有的奶泡,撕扯奶泡,让奶泡变得足够细腻光滑。同时,漩涡还能使奶缸下层的热牛奶与上层的奶泡充分融合。奶泡细腻、融合度高,拉起花来才能得心应手。

图7-21 奶泡打发的角度

2)深度

以大多数的咖啡机为参考,牛奶的液面没过蒸汽棒0.5—1厘米(见图7-22),具体要取决于咖啡机的蒸汽强度。整体来讲,蒸汽强度弱,深度较浅;蒸汽强度大,深度较深。

图7-22 奶泡打发的深度

3)位置

可以把缸嘴看成12点钟方向,把手看作6点钟方向,如果习惯让牛奶顺时针旋转,就把蒸汽棒放在2—3点钟的位置(见图7-23)。相反,如果习惯让牛奶逆时针旋转,蒸汽棒就可以放在9—10点钟的位置。

图7-23 蒸汽棒的位置

因此，根据位置、角度还有深度，就可以"定位"到蒸汽棒的摆位。对于刚开始练习的朋友，可以先找到2－3点钟的位置，再调整蒸汽棒的角度为50°－60°，最后调整蒸汽棒的深度（见图7-24）。

图7-24　蒸汽棒的角度和深度

一份好的奶泡，除了能够呈现出好看的拉花，还能增加奶咖的香气与口感。相信大家在了解了牛奶打发的原理，以及如何找到旋转点之后，通过适当的练习就能打出绵密的奶泡。

4）牛奶的选择

咖啡拉花选用鲜牛奶较好，最好是全脂奶。咖啡拉花需要通过蒸汽高温打发牛奶，以形成奶泡，方可以形成拉花的形状。而蒸汽高温打发牛奶时，胶束形成受阻，酪蛋白分子会包裹着气泡，保护它们不会破裂，从而形成奶泡。不同的牛奶所含的蛋白质程度影响着意式咖啡表面拉花装饰的持久性。脂肪含量高的牛奶，能打发出更加绵密的奶泡，奶泡的质量对拉花的影响较大，一般不会选用低脂牛奶或者脱脂牛奶，因为脂肪能让奶泡更加稳定。

5）牛奶打发的进气量

牛奶经过冷藏至一定的温度，可以在打发的过程中掌握进气的时间。把蒸汽棒打开之后，就会听见"滋滋"的进气声，这就代表牛奶开始打发了；如果没有声音，就需要迅速降低奶缸，让蒸汽棒的出气孔上移一些。一般而言，奶沫质地的"干"或者"湿"直接关系其在融合、摆幅中的流动性。过"干"的奶沫制作拉花的图案有一定的局限性，但制作传统的"黄金圈""心形""分段郁金香"是可以满足的。"湿"奶沫则是在准确的温度（65－70℃）中控制偏少的进气量，促使奶沫的发泡体积不大，有"重量"感。在拉花的过程中，修复能力、融合能力、摆幅能力和收尾能力这些都取决于流动性，因此"湿"奶沫更适合制作"压纹"和复杂变化的图案。奶沫过干或过湿都无法完成咖啡拉花。真正的难度在于进气的多少。制作不同的奶咖适合不同的打发程度，制作不同的拉花图案需要的奶泡是不同的。比如，卡布奇诺需要奶泡厚一点、拿铁需要薄一点，等等。

二、拉花的操作流程

（一）拉花的原理与技巧

要学习拉花，必须先了解相关的原理、技巧以及进行持之以恒的练习。

Note

1.原理与技巧一:油脂

拉花成功的先决条件就是基底有足够的表面张力,这是因为浓缩咖啡上有一层厚厚的油脂,能够产生足够的表面张力,托起由微小气泡所组成的奶泡。所以,浓缩咖啡的正确萃取是拉花的关键步骤。

2.原理与技巧二:图案

拉花分为两个阶段:融合与出图。同样的奶泡,在拉高缸嘴时,奶泡就会被冲进咖啡里,不会出现白色纹路;而放低缸嘴时,奶泡会漂浮在表面,出现白色的纹路。所以,在融合的阶段,为了不出现白色图案,就会拉高缸嘴,而到拉出图时,需要出现白色图案,就要放低缸嘴出图。

3.原理与技巧三:融合

融合好的话,奶咖会又好看又好喝;融合不好的话,图案就会不美观,也会影响奶咖的风味。一般缸嘴距离咖啡液面的距离在5—10厘米。每个人的习惯不一样,所以没有完全固定的高度和距离标准。一般融合的手法是朝一个方向搅拌,左手拿咖啡杯,右手拿拉花缸,两只手错开半圈进行相对绕圈运动。一高一低的搅拌力度很容易就能把咖啡与牛奶充分混合。

4.原理与技巧四:落点与轨迹

不同的图案落点是不一样的。例如,拉树叶的时候落点应该在液面的中心,而心形是1/4点。还是以心形为例,如果落点在中心的话,整个心形的位置都会偏下方。而且这种情况还要根据融合量与奶泡厚度进行分析,融合量多或者奶泡厚都会使对流效果削减,这样拉出来的图案会偏小;如果融合量少或者奶泡薄,那么整个对流效果就好,图案也会大。而拉心形的时候落点在1/4处,在持续注奶的时候,配合上回杯,落点会慢慢向中心移动。

5.原理与技巧五:随心所欲出图

当能拉出一个圆形的白沫时,已经成功迈出了第一步,接下来就是如何去控制它的变化。这时我们要掌握的技能是回杯。对于要出对流图案的拉花来说,回杯是十分重要的,回早了或者回晚了,都有可能使图案变形。

在出图案的时候,左手所持的咖啡杯应慢慢地把杯子回正。正常的对流现象是,中间倒奶的时候,会看见中间“冲”出去的奶沫,两边会有一个回流的现象,即图案会变得饱满。奶泡越薄,这种现象越明显。比如要拉心形,压纹郁金香就需要对流。

6.原理与技巧六:收尾

当拉出图案时,收尾也很重要。因为收尾这一步如果做得不好,就会弄垮整个图案。以心形图案为例,正常的收尾应为在咖啡杯9分满的时候逐步拉高向前推移,并逐渐收小奶量。

(二)心形拉花技巧

(1)当萃取好一杯浓缩咖啡,打好奶泡后,先打圈摇晃一下杯中的浓缩咖啡,使油脂附着在杯壁上,然后将杯子倾斜度调整为40°左右(见图7-25)。

图 7-25　咖啡杯角度

(2)在注入牛奶的时候,要控制好奶柱不能太大,使牛奶直接刺穿咖啡液到达底层,然后开始绕圈,使牛奶和咖啡液混合至6分满左右开始拉花。

(3)把奶缸降至贴近杯子,从液面中心开始注入牛奶(见图 7-26)。

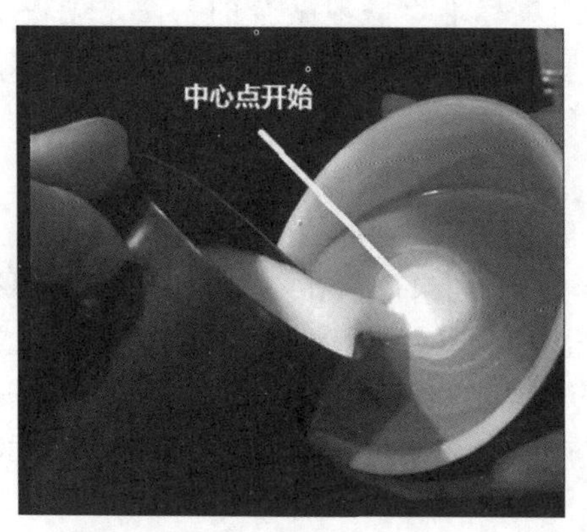

图 7-26　拉花注入点

(4)左手将奶杯摆正的同时,右手的奶缸跟着加大流速和慢慢摆正。这个时候会看见奶泡浮在上面慢慢成一个圆并慢慢扩大。

(5)当杯子快到180°的时候,奶泡的圆已经成形了。奶缸原地提高的同时水流要收小(注意不要一边提高一边往前推),利用水流往下冲的冲击力使上层的咖啡液往下压,这时会看见原本的圆形出现了心形的凹槽,两边的水流往中间聚拢。

(6)当心形的凹槽出现后就可以往前推了,这样心形尖尖的尾巴就出来了(见图 7-27)。

图 7-27　心形拉花收尾

（三）拉花的基本手法

1. 直接倒入成形法

使用发泡后的牛奶，在其还未产生牛奶与奶泡分离状态的时候，迅速将其直接倒入意式浓缩咖啡中，等牛奶、奶泡与意式浓缩咖啡融合至一定的饱和状态后，运用手部的晃动进行控制，形成各式各样的图形。

2. 模具裱花法

模具裱花法可以分为两种表现方式。

第一种是在牛奶发泡完成后，先静置30秒左右，让牛奶跟奶泡产生一定程度的分离效果。然后，利用汤匙先挡住部分奶泡，让下层的牛奶与意式浓缩咖啡先行融合，再让奶泡轻轻覆盖在咖啡上形成雪白的表面。最后，利用各种裱花模具，放置在咖啡表面上方约1厘米处，撒出细致的巧克力粉或抹茶粉，通过裱花模具的空隙，使咖啡的奶泡表面形成美丽的图案。

第二种方式与第一种方式原理相同，不同之处在于这种方式是在咖啡上方撒粉创作各式图案，这就要求奶泡细密，倒入时不破坏咖啡表面，不要显出奶泡的白色，让奶泡与意式浓缩咖啡在液面下充分融合。

另外，模具裱花法还可以配上简单的手绘图形法，创造出更丰富的图案。

3. 手绘图形法

手绘图形法是指在完成意式浓缩咖啡与牛奶、奶泡融合之后，利用融合时产生的白色圆点或不规则图形，使用竹签和其他适宜的物品，蘸取奶泡、巧克力酱等蘸料，在咖啡表面勾画出各种图形。

三、花式咖啡的制作流程

（一）咖啡拿铁

拿铁在意大利语中是“牛奶”的意思，所以在意大利如果你说点一杯拿铁，店员只会给你上一杯牛奶，而不是咖啡；在国内，有些咖啡馆也有风味拿铁，如抹茶拿铁、紫薯拿铁，它们是不含咖啡的。而咖啡拿铁是浓缩咖啡和牛奶的完美平衡，优秀的咖啡师还能呈现出漂亮的拉花。

特点：牛奶比重大，可拉花。

构成：意式特浓＋75%牛奶＋奶泡。

味道：味道层次丰富，牛奶味较明显。

（二）卡布奇诺

卡布奇诺咖啡早在现代意义上的意式浓缩咖啡机出现前就存在了，最早的文字记载是在20世纪30年代。而卡布奇诺（Cappuccino）这个名字的由来是因为咖啡的液面是中间一圈白色的奶沫带着周围一圈棕黄色的油脂奶沫，像极了俯视观望的身穿教袍的方济各会教士，而这种教袍就叫“Capuchin”。

特点:奶泡比重多,可拉花。

构成:1/3意式特浓+ 1/3牛奶+1/3奶泡。

味道:口感层次丰富,咖啡味较明显。

(三)摩卡咖啡

摩卡的配方成分就相对比较复杂了,在意式浓缩和牛奶的基础上,还有巧克力酱,顶端不是奶泡,而是打发的鲜奶油,还会挤上巧克力酱,或者撒上可可粉、肉桂粉,别有一番风味。因为巧克力酱和鲜奶油都有甜味,因此摩卡咖啡是苦甜结合的典范。

特点:巧克力风味的咖啡。

构成:意式浓缩+巧克力酱+牛奶+鲜奶油。

味道:香甜可口。

(四)焦糖玛奇朵

焦糖玛奇朵在意大利语中的意思是“烙印”,就像是甜蜜的印记般,包含浓缩咖啡、香草以及焦糖,一次可品尝到3种香气。一般来说,焦糖玛奇朵在喝之前不能搅拌,所以唇上会是香甜的奶泡以及覆盖在上面的浓稠焦糖酱,接着是香草气息的奶泡,最后是浓郁回甘的浓缩咖啡。

特点:香草、焦糖和咖啡3种风味融合。

构成:意式浓缩+香草糖浆+牛奶+奶泡+焦糖。

味道:香甜可口,风味丰富。

(五)爱尔兰咖啡

爱尔兰咖啡最早出现于爱尔兰的达布尔,却盛行于旧金山,最后传到全世界,是著名的咖啡冲泡方式。有人说爱尔兰咖啡是鸡尾酒不是咖啡,事实上也说得通,因为爱尔兰咖啡本身就是加上威士忌,除了咖啡香还有酒香。爱尔兰咖啡的做法通常是先倒入糖,再以威士忌里的酒精燃烧来略微焦化糖汁,接着是浓缩咖啡,最后再加上鲜奶油。迷人的香气在空气中飘散进入鼻腔,互相撞击调和,最适合冬日来上暖暖的一杯。

特点:含有酒精。

构成:意式浓缩+爱尔兰威士忌+鲜奶油。

味道:味道层次丰富,含酒精。

花式咖啡的特点及图片如表7-2所示。

表7-2 花式咖啡的特点及图片

花式咖啡名称	特点	图片
美式咖啡 Americano	美式咖啡通常是在浓缩咖啡中加入热水,咖啡兑水的比例约为1:12	水 浓缩咖啡

续表

花式咖啡名称	特点	图片
拿铁咖啡 Caffe Latte	牛奶是拿铁咖啡的主角,标准奶泡比例大约是1/6浓缩咖啡、4/6牛奶热牛奶、1/6奶泡。由于拿铁咖啡牛奶比例高,且奶泡厚重,因此口感更显柔顺细致	
康宝蓝 Espresso Can Panna	康宝蓝的特色是以冰冷的鲜奶油,搭配热腾腾浓缩咖啡,口感强劲,浓郁的浓缩咖啡可以增加绵密感	
维也纳咖啡 Viennese Coffee	维也纳咖啡的制作过程是,首先在温热的咖啡杯底部撒上一层砂糖或细冰糖,接着倒入浓缩咖啡,并装饰鲜奶油,也可添加巧克力糖浆	
馥芮白 Flat White	馥芮白刚开始在国内被翻译成“小白”“平白”“澳白”,被星巴克引入国内后被翻译成“馥芮白”,相对于普通的拿铁,它的奶沫厚度更薄些,咖啡味道更重些	
摩卡咖啡 Caffe Macha	摩卡咖啡的基底是浓缩咖啡,与巧克力糖浆、鲜奶、奶泡的搭配比例为1:0.5:1.5:1。摩卡咖啡最明显的风味就是可可的微苦焦香	
短笛咖啡 Piccolo Latte	短笛咖啡又叫“半拿铁”(Cafe Breve),一般萃取20毫升左右的浓缩咖啡,所使用的杯子在100毫升左右	
玛奇朵 Macchiato	玛奇朵通常由一份浓缩咖啡+ 一小撮奶泡组成	
卡布奇诺 Cappuccino	卡布奇诺与拿铁咖啡的差别在于调配比例,浓缩咖啡、鲜奶与奶泡各为1:1:1	

续表

花式咖啡名称	特点	图片
焦糖玛奇朵 Caramel Macchiato	焦糖玛奇朵包含浓缩咖啡、香草以及焦糖，一般喝之前是不会搅拌的，所以咖啡上面是香甜的奶泡以及覆盖在上的焦糖酱，接着是香草气息奶泡，最后才是浓郁的浓缩咖啡	
爱尔兰咖啡 Irish Coffee	爱尔兰咖啡的做法通常是先倒入糖，再以威士忌燃烧来略微焦化糖汁，接着是浓缩咖啡，最后再加上鲜奶油	

教学互动

1. 选用不同品牌的牛奶制作拿铁，感受牛奶为咖啡带来的口感变化。
2. 由老师展示花式咖啡的制作流程。

项目小结

本项目概述了意式咖啡的基本知识和制作技能，以及奶泡的打发和咖啡拉花的技巧，并配合实操训练，是咖啡师必备的技能篇。

项目训练

1. 按照标准流程制作意式浓缩咖啡。
2. 练习牛奶打发技巧，并制作拿铁和卡布奇诺的流程表。

项目八
掌握咖啡冲煮技能
——手冲咖啡的制作

项目描述

很多人认为，手冲咖啡才是咖啡原始的味道，手冲的惊喜在于味蕾的刺激。手冲咖啡是一种纯粹的咖啡美学，它是生活的表达，是社交的调剂品，也是灵感的催化物。

本项目全面解读咖啡的萃取原理与萃取方式、滴滤咖啡的制作流程（煮制咖啡的水温要求；煮制咖啡的水质要求）、研磨咖啡粉的用量、正确的咖啡萃取时间和操作流程、咖啡调制配套工具、冲煮咖啡杯具选择。冲煮当下最流行的手冲咖啡，学好这一项目足矣。

项目目标

知识目标

1. 学习咖啡萃取的原理。
2. 学习咖啡萃取的方式。
3. 学习并掌握影响咖啡冲煮的因素。
4. 能够独立制作手冲咖啡。

能力目标

1. 独立制作手冲咖啡。
2. 听取指导老师的反馈，修正冲煮方案。

素质目标

1. 掌握咖啡冲泡的基本技能，努力成为未来中国咖啡市场的优秀咖啡师。
2. 结合精品咖啡冲泡理念，复刻冠军冲煮方案，努力向冠军冲刺，让世界的咖啡舞台上增添更多的中国优秀咖啡师。

知识导图

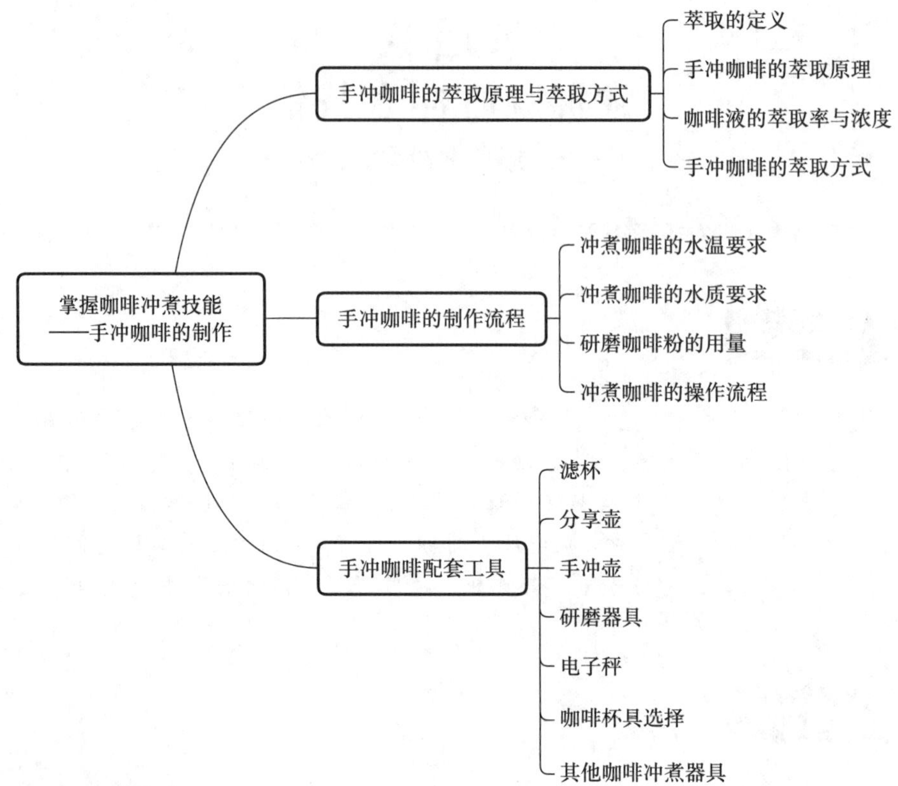

学习重点

1. 咖啡萃取的原理。
2. 影响咖啡冲煮的因素。
3. 了解基本的手冲咖啡配套工具，包括滤杯、分享壶、手冲壶、磨豆机和电子秤的类型。
4. 进行咖啡杯具的选择以及有特色的咖啡杯具介绍。

学习难点

1. 咖啡萃取原理中的定义和概念。
2. 影响咖啡冲煮的因素。
3. 对咖啡杯的选择方式进行梳理。
4. 不混淆咖啡配套器具。

项目导入

制作一杯手冲咖啡，短短的几分钟，蕴含对咖啡豆的了解、对器具和设备的理解，以及对冲煮框架和方案的制定。让我们走近这个神秘又好玩的咖啡冲煮吧！

任务一 手冲咖啡的萃取原理与萃取方式

一、萃取的定义

萃取是一个物理过程。萃取，又称"溶剂萃取"或"液液萃取"，亦称"抽提"。萃取是指利用系统中组分在溶剂中依不同的溶解度来分离混合物的单元操作。它是利用物质在两种互不相溶(或微溶)的溶剂中溶解度或分配系数的不同，使溶质物质从一种溶剂内转移到另一种溶剂中的方法。

二、手冲咖啡的萃取原理

(一)萃取的基本原理

咖啡萃取属于萃取中的一种，叫固液萃取，咖啡萃取是一个物理过程。在萃取的过程中，味道是随着接触时间的推移而变化的，小分子物质会比大分子物质更早被萃取出来。简单来说，就是水作为溶液，在通过咖啡颗粒时与可溶性物质结合，得到有滋味的咖啡液。

影响一杯咖啡的品质的因素有很多，包括咖啡豆的品质、水质或水温、烘焙度等。但是其中最直接也是最重要的因素则是萃取，咖啡萃取的本质，就在于还原咖啡本身的味道。一粒咖啡豆中的可溶解物质只占了30%，其他都是木质纤维。咖啡就是从这30%里面获取的，而这部分物质里面又有一部分影响口感的物质，如果在萃取的过程中掌握不好，这些物质就会进入咖啡中，最终影响咖啡的品质。

咖啡中的物质并非都是以相同的速率被提取出来的。首先萃取出来的是果味和酸味，然后是甜味，最后是苦味。萃取不足的咖啡酸味较明显，过度萃取则味道偏苦，可以通过调整各个变量来制作适合顾客口味的咖啡。

(二)萃取的影响因素

1.烘焙度

咖啡豆的烘焙深浅度不同，会影响冲煮效果，亦影响器材的选择。深烘焙与浅烘焙的豆子，在风味、油脂、豆子组织上的呈现都不同。

2.咖啡粉粗细度(研磨度)

咖啡粉粗细度大小，与萃取度成反比。咖啡粉研磨越细，萃取度越高，但研磨得太过细腻时风味容易变得苦涩。咖啡粉研磨中等，萃取度中等，风味可能呈现甜味。咖啡粉研磨越粗，萃取度越低，风味萃取还停留在酸质的程度。

3.粉量

咖啡粉量的多寡,将影响萃取浓度、萃取时间长短。

咖啡粉量少,水流通过粉层时间快,萃取量低。

咖啡粉量多,水流通过粉层时间久,萃取量多。

当手冲不同人份的咖啡时,有许多变因可能同时改变。粉量增加可能代表水通过粉层的时间将更长,不同大小或形状的滤杯、滤纸或手冲壶,也可能代表水流的特性不同。所以,粉量不同的情况,需要配合不同的冲煮手法与参数。

4.冲泡水温

咖啡萃取量,除了溶出物质的浓度外,也包括溶出物质的多元。这许许多多的萃取物质,叠砌成最终我们舌上味蕾感知到的风味。因此回归一个概念:水温会改变溶出物质而不是味道。

水温高:溶出的物质多——味道较苦。

水温低:酸性物质多——味道较酸。

5.注水方式

注水方式会影响滤杯中咖啡粉被水流翻搅的方式。不同方式,如单点注水、绕圈注水,会影响不同区域的咖啡粉的萃取程度。

6.注水速度

注水速度亦即冲煮萃取的时间,注水的速度是以上各个因素综合影响的结果,影响咖啡萃取液的组成结构与浓度。

三、咖啡液的萃取率与浓度

萃取率是指从咖啡粉里萃出的物质重量占咖啡粉重量的比值,咖啡浓度是指从咖啡粉里萃取出来的物质重量占咖啡液重量的比值。正如前面所述,咖啡豆里只有30%是可溶性物质,其他70%属于木质纤维。在30%的可溶性物质里,只有20%左右是正面的风味物质,剩下的10%左右是苦味(负面的)风味物质。由于每一种物质的溶解时间与速度都不一样,大分子的芳香物质和风味物质会先析出,负面的风味物质需要一些的时间才能被溶解。所以,30%是咖啡最大萃取率(因为浓度差的原因,制作咖啡的过程中无法完全达到30%的萃取率)。SCA(精品咖啡协会)里面的金杯萃取理论所认为的最佳咖啡萃取率为18%－22%,例如10克的咖啡粉萃取1.8－2.2克物质。浓度在1.15%－1.45%(SCAA,即美国精品咖啡协会为1.15%－1.35%;SCAE,即欧洲精品咖啡协会为1.20%－1.45%),是适合大众口味的咖啡。

图8-1中显示的适宜咖啡浓度在1.15%－1.35%。不过每个国家和地区的咖啡浓度会有所差别,像日本、欧洲国家,喜欢浓郁醇厚的咖啡口感,咖啡浓度就会偏高,为1.3%－1.45%。美国最有代表性的咖啡饮品就是美式咖啡,是浓度比较淡的咖啡,所以美国的口味会偏淡,咖啡浓度在1.2%－1.3%。把咖啡浓度设置在1.2%－1.45%会更为符合大众需求。可根据图8-1 SCA金杯萃取表来进行手冲参数的调整。图8-1中,横轴是指萃取率,纵轴是指咖啡浓度,斜线是指粉水比,中间浓度在1.15%－1.35%的部分就是能够理想地呈现出咖啡的风味的范围。但随着咖啡行业的发展,咖啡豆本身

也在发生变化，人们对咖啡口味的认知也在发生变化，所以呈现理想型风味的参数，也不会一成不变。咖啡浓度测量仪如图8-2所示。

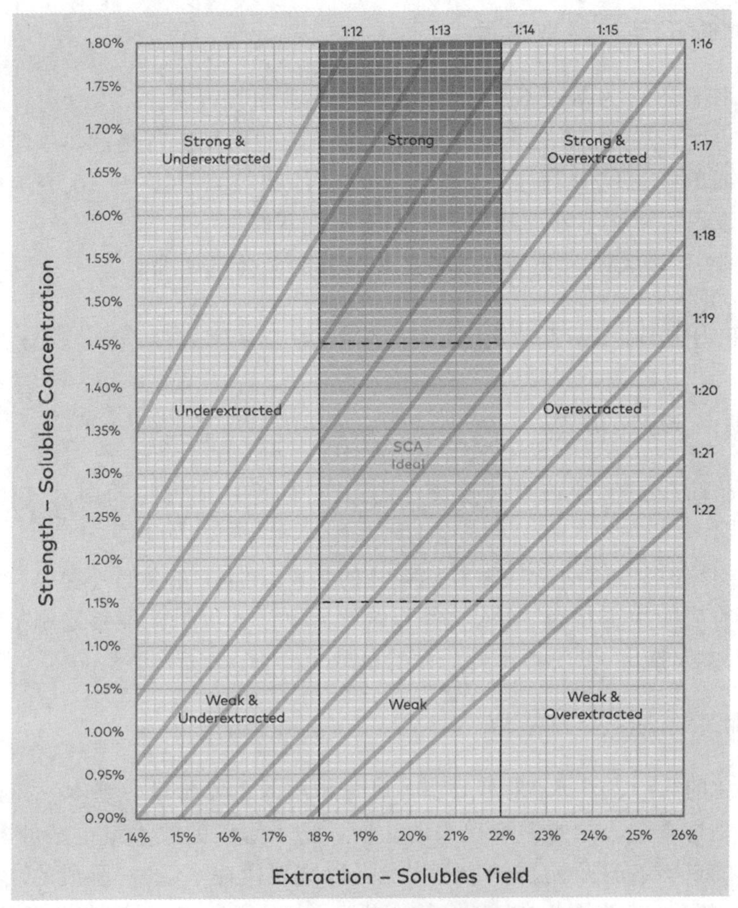

图8-1　SCA金杯萃取表

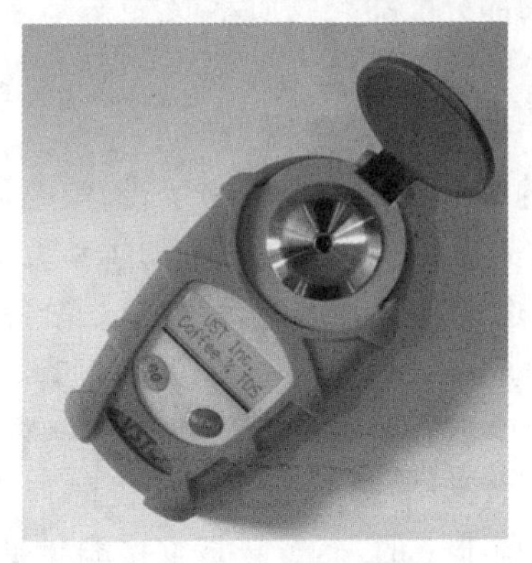

图8-2　咖啡浓度测量仪

（图片来源：http://www.zhe2.com/note/18972315945.）

（一）咖啡萃取率计算

如前所述，萃取率是指从咖啡粉里萃出的物质重量占咖啡粉重量的比值。因此，

咖啡萃取率的主体是咖啡粉(咖啡豆),所以计算公式是:

咖啡液浓度×咖啡液重量÷咖啡粉(咖啡豆)重量=咖啡萃取率

(二)咖啡不足与萃取过度

萃取率小于18%为萃取不足,大于22%为萃取过度。

从品鉴角度,不存在萃取不足与萃取过度带来的明显感官提示。咖啡只要在冲煮中出现了负面的味道(如咸鲜味、尖酸味、苦味、涩味等),就不是一次完美的萃取。完美咖啡萃取流程需要在不好的物质出来之前停止萃取。

精品咖啡中,萃取使用低萃取或者高萃取来定义会更加准确。

四、手冲咖啡的萃取方式

(一)第一阶段:闷蒸

闷蒸这个阶段是手冲咖啡的必备方式,其目的是排出咖啡粉中的气体,为后面的稳定萃取铺路。

咖啡粉闷蒸时,气体活跃代表着咖啡豆的新鲜。但在冲煮的过程中,若气体乱窜,会扰乱咖啡粉层的稳定状态。所以,一开始就需要注入少量的能够刚刚把咖啡粉都湿润的水,让气体先排出,以便不影响后面的萃取。

(二)第二阶段:主力萃取

闷蒸之后的第一段注水,是萃取咖啡风味物质的主要阶段。基本一杯咖啡90%以上的物质都是这个阶段中被萃取出来的。所以这个阶段的注水量也是最多的,通常占据总注水量的60%。这个阶段一般可以分一段或两段注水,这一阶段的注水要求比较严格,要求水流稳定、绕圈均匀,确保整个粉层均匀注水。如果闷蒸阶段没问题的话,这个阶段就能把咖啡的绝大部分酸甜类物质萃取出来。

(三)第三阶段:调整

萃取阶段已经把咖啡的主要风味萃取出来了,而第三阶段就是对整杯咖啡进行调整,其中比较明显的目的就是浓度调整。在整个咖啡萃取的过程中,越到后段,萃取的咖啡物质就越少,单位浓度也就越低。因此,虽然第二阶段已经萃取了大部分的物质,但是浓度太高会引起口感的不适,通过第三阶段的浓度调整,会使整杯咖啡的口感更加舒适、可口。但第三阶段也是最容易萃取出焦苦的物质的,因此在冲煮时要注意时间和水流(不能使用大翻滚水流)。咖啡萃取中所说的苦味与苦味物质是有细微区别的:苦味物质是一定会存在咖啡中的,而苦味是直接能感受出来的苦,一般是咖啡中的酸甜无法压制的苦而表现出来的,也就是萃取过多的苦味物质导致的。合理范围的苦味物质是有必要的,因为它是体现咖啡余韵的物质。有的咖啡喝起来舒服、可口却余韵稍短,很可能的一个原因就是冲煮中有意去避免了尾段的出现。

任务二 手冲咖啡的制作流程

一、冲煮咖啡的水温要求

冲煮咖啡的过程中，水和咖啡在不同的阶段会产生不同的反应，而水温会直接影响到冲煮咖啡时不同成分的萃取率，能萃取出咖啡中所含有的奎宁酸、氨基酸和单宁酸、咖啡因、油脂以及其他的物质。因此，水温决定了一杯咖啡的香味，水温与咖啡豆的品质一样重要。

冲泡咖啡的温度建议范围：92－96 ℃。

案例一 不同温度的咖啡冲煮实验案例

咖啡冲煮分为5组，冲煮参数如下。

咖啡豆：埃塞俄比亚的耶加雪菲。

处理方式：水洗法。

滤杯：Hario V60。

研磨度：中细研磨（0.85毫米孔径筛网过筛率75%）。

粉量：15克。

粉水比例：1∶15。

冲煮水温：80 ℃、86 ℃、90 ℃、93 ℃、96 ℃。

冲煮方案：使用分段式冲煮。第一段，注入30克水进行闷蒸30秒，此时咖啡膨胀成汉堡状。第二段，从中心画小圈注入125克水。注水高度4厘米，力度轻柔，尽量使粉层翻滚力度减轻，水流速度以每秒4克落下。待水位下降至粉层的1/2处开始第三段注水，本段注水也是柔和地由中心向外绕圈直至注至225克结束注水。待滤杯中的咖啡液全滴完后结束萃取，时间为2分1秒。咖啡萃取完成后轻轻摇晃，待咖啡液充分均匀后再进行品尝。

通过5次不同的水温冲煮，分别表现如下。

80 ℃：微酸涩感，柠檬皮酸，明显的茶感，主调为茶甘感。

86 ℃：金桔酸，略带尖酸。

90 ℃：明亮的柑橘酸，水果甜感明显。

93 ℃：明亮的柑橘酸，后段有红茶感。

96 ℃：水果茶，带有茶涩感，风味集中。

总结：水温越高，萃取出的咖啡物质越多，浓度越高；水温越低，萃取出的咖啡物质越少，浓度越低。

（一）水温对咖啡萃取的影响

1.水温与萃取率

水温升高，萃取率提升，容易造成萃取过度，并产生更多焦苦等负面风味。高水温

容易让咖啡粉过度萃取,这样的咖啡会有苦味,而苦味多数来自咖啡因,苦味也和其他化学作用有关系。干涩感在高水温中也容易萃取出来,很强烈且持续很久,因为多酚是苦的,会跟唾液中的蛋白质结合,它会吸干舌头,在口中产生沙沙的或者干燥的感觉。而平淡感和空洞感,是指把咖啡的新鲜和光亮抽离,扼杀了美好的物质,缺乏风味。

水温降低,萃取率降低,容易造成萃取不足,并产生更多生、涩等负面风味。低水温冲煮容易萃取不足,没有带出足够的物质,例如臭酸味、缺乏甜感、奇怪的咸味、短暂的余韵等,基本都是萃取不足的表现。风味不足,余韵短暂,口感会让人不满意。放凉后的刺激性酸味,可能会让人皱起眉头,舌头两侧有触电和尖锐的感受,破坏味觉。

适当水温、良好的萃取表现出来的香气和风味是正面的、令人舒服的,例如酸质会很丰富,像莓果或者柑橘类的酸甜感,整体干净、清澈和有透明感,能比较清楚喝出的是什么风味,有细腻、丰富的鲜明酸质,并且能让人联想到某种水果甚至是酒,停留在口腔的余韵持久,让人回味。

2.水温与萃取时间

低水温萃取,萃取时间应较长,适用于冰滴、冷萃咖啡。

高水温萃取,萃取时间应较短,适用于手冲咖啡、浸泡式萃取。

3.水温与烘焙度

越浅烘焙的咖啡豆豆质纤维越坚硬,越不容易萃取出风味物质,因此需要较高水温。

越深烘焙的咖啡豆豆质纤维越疏松,越容易萃取出风味物质,因此需要较低水温。

4.水温与研磨度的关系

研磨度越细,咖啡粉和水接触的时间越长,越容易萃取出风味物质,因此需要较低的水温。

研磨度越粗,咖啡粉和水接触的时间越长,越不容易萃取出风味物质,因此需要较高的水温。

5.水温与豆子新鲜度的关系

咖啡豆越新鲜,含有的风味物质越多,萃取的水温就要相对低一些,否则很容易萃取过度。

咖啡熟豆放置时间越久,含有的风味物质会越少,此时萃取的水温就要高一些,因为高温水的溶解力强,可以萃取出咖啡中留存的风味。

(二)水温对咖啡风味表现的影响

手冲过程中,水和咖啡会进行一些复杂的化学反应,不同的阶段产生不同的反应,而水温会直接影响到冲煮时咖啡中不同成分的萃取率,萃取出咖啡中所含有的奎宁酸、氨基酸和单宁酸、咖啡因、油脂以及其他物质。咖啡豆2/3由木质纤维素组成,另外1/3是一些可溶的气味分子,在碰到水后会依分子的大小依次被溶出来。最先被溶出来的小分子物质包括酸质跟香气,然后是中分子甜味,最后是大分子的焦苦味,咖啡不同层次的味道就是这么来的。而水温是加速气味分子释放出来的关键。

温度过高,会使气味分子过快释放,在同一个萃取时间内萃取,气味分子就会在萃

取完成前已经被完全释放,那么剩下的萃取时间就会释放出木质纤维的味道,使咖啡出现木味、木涩味等。

温度过低,会使气味分子过慢释放,在同一个萃取时间内萃取,气味分子就会在萃取完成后还没得到完全释放,所以出来的咖啡只有酸甜感,缺少了醇厚的风味,整体会显得单薄。

(三)海拔会影响冲煮温度

水在平原地区的沸点是100℃,然而当海拔上升,气压会下降,而气压是影响沸点的关键,当液体的压力与大气压力相等时,液体就会蒸发。随着气压降低,沸点也会降低。换句话说,海拔高度越高,沸点就越低。

因此,海拔对于冲煮配方影响很大,一旦沸点变动,冲煮的水温区间也会变动。在高海拔地区,如果用平原地区设定的相同参数来冲煮,冲出来的咖啡可能偏淡或是口感偏稀薄,这时建议将海拔考量进去,并搭配手冲的方式调整参数。

综上所述,咖啡冲煮水温会因冲煮方式、萃取时间、烘焙度、研磨度、咖啡豆新鲜度,包括海拔(海拔越高,沸点越低)等原因而改变,绝不是一个简单的数值能够概括的。因此,在考虑咖啡冲煮水温的时候,应该结合所有影响因素,而不仅仅做单一考虑。

二、冲煮咖啡的水质要求

萃取咖啡时,水是仅次于咖啡豆之外十分重要且必要的因素,萃取出来的咖啡中水占98%－99%,从这点来看,水质对于萃取一杯好咖啡尤为重要。咖啡萃取物是由水中的80%水溶性成分及其他香氛成分组成的。这些成分聚集起来后,能提升咖啡的香气、味道等感官特性。咖啡的香气不会只因为调配及烘焙条件不同而有所改变,若是使用的水及比例不一样,香氛成分也可能产生变化。换句话说,水能轻易地筛选出好的香氛成分。

案例二 不同水质咖啡冲煮实验案例

为了更好地了解不同水质对咖啡口感的影响,本实验收集了5款常见的矿泉水,其各项特征指标如表8-1所示。

表8-1 5款常见的矿泉水特征指标

名称	产地	TDS	口感描述
冲煮用水	云南	155 ppm	微甜、有咸感、有收敛感
百岁山矿泉水	广州	60 ppm	微甜、有一点点杂味、丝滑
怡宝纯净水	浙江	1 ppm	甘甜、有收敛感、顺滑
云南山泉	云南	38 ppm	甜、顺滑、有微弱的咸感
农夫山泉	四川	35 ppm	甘甜、顺滑

冲煮数据如下。

咖啡豆：哥斯达黎加巴哈、葡萄干日晒处理。

Agtron：66—79。

萃取方式：手冲滴滤。

研磨度：EK43磨豆机，6.5。

咖啡粉：15克。

注水量：225克。

水温：91℃。

冲煮时间：1分50秒。

实验结果如表8-2所示。

表8-2 5款常见的矿泉水冲煮实验结果表

水	Aroma（湿香气）	Flavor（风味）	Aftertaste（余韵）	Acidity（酸味）	Body（醇厚度）	Balance（平衡感）	浓度、萃取率
冲煮用水 TDS: 155 ppm	黄色玫瑰香(L)、焦糖(L)	H:香瓜(M)、葡萄干(ML) W:葡萄干(M)、香瓜(ML)、焦糖(ML) C:葡萄干(M)、焦糖(ML)	H:红茶(M)、可可(M) W:红茶(M)、葡萄干(M) C:红茶(ML)、葡萄干(M)，持久度不长	H:微弱的酸，不明显 W:苹果酸(ML) C:柑橘酸(M)	H:红茶般的(M) W:红茶般的(M)，有涩感 C:红茶般的(M)，有涩感	风味不明显，持久度不长，高中温区酸质不明显，低温区有柑橘酸，醇厚度中等强度，有涩感，酸转甜很快	液体量:195g 浓度:1.3% 萃取率:16.9%
百岁山矿泉水 TDS: 60 ppm	黄色玫瑰香(M)、焦糖(ML)、葡萄酒(M)	H:黑朗姆酒(M)、葡萄干(ML) W:葡萄干(ML)、香瓜(M) C:葡萄干(M)、红茶(ML)	H:红茶(M)、葡萄干(M) W:红茶(M)、红酒(M) C:红茶(ML)、葡萄干(M)，持久度中等	H:微弱的酸，不明显 W:微弱的酸，不明显 C:柑橘酸(M)	H:红茶般的(M)，有涩感 W:红茶般的(M)，有涩感 C:红茶般的(M)，有涩感	有明显的花香、葡萄酒的风味，有红茶的余韵。但持久度中等，高中温区酸质不明显，低温区有中等的柑橘酸，有红茶般的顺滑的醇厚度，有涩感	液体量:193g 浓度:1.35% 萃取率:17.37%

续表

水	Aroma（湿香气）	Flavor（风味）	Aftertaste（余韵）	Acidity（酸味）	Body（醇厚度）	Balance（平衡感）	浓度、萃取率
怡宝纯净水 TDS:0 ppm	坚果(M)、葡萄干(L)、核果皮(L)	H:黑朗姆酒(M)、葡萄干(ML) W:核果(ML)、葡萄干(ML)、黑朗姆酒(M) C:核果(M)、可可(M)	H:红茶(M)、可可(ML) W:红茶(M)、可可(ML) C:红茶(M)、可可(ML)，持久度中等	H:青草果酸(ML) W:青苹果酸(ML) C:青苹果酸(ML)	H:绿茶般的丝滑(M) W:绿茶般的丝滑(M) C:绿茶般的丝滑(M)，有颗粒感	风味强度低，有核果皮的风味，余韵有红茶感，持久度中等，酸质中低的青苹果酸不能很好地支撑甜，有绿茶般的丝滑感，醇厚度有颗粒感，甜度低	液体量：198g 浓度：1.54% 萃取率：20.32%
云南山泉 TDS: 38 ppm	花香(L)、葡萄干(L) 核果(M)	H:黑朗姆酒(M)、葡萄干(ML) W:可可(ML)、葡萄干(M)、香瓜(L) C:葡萄酒(M)、可可(ML)	H:鲜果汁(M)、黑巧克力(ML) W:红茶(M)，中等持久 C:红茶(M)，持久度中等	H:青苹果酸(ML) W:柑橘酸(M) C:柑橘酸(M)	H:红茶般的顺滑(M) W:红茶般的顺滑(M) C:红茶般的顺滑(M)，有涩感	香气上有低强度的花香，中等强度的核果香气，高、中温区酒和葡萄干的风味容易捕捉，随着温度的降低，余韵从果汁般变化成红茶般的余韵，持久度中等，酸能够很好地支撑甜，有红茶般的顺滑，但有涩感	液体量：194g 浓度：1.48% 萃取率：19.14%
农夫山泉 TDS: 35 ppm	黄色玫瑰花(M)、葡萄干(M)、酒(L)	H:黑朗姆酒(M)、葡萄干(M) W:黑朗姆酒(ML)、葡萄干(M)、香瓜(L)、 C:葡萄干(M)、香瓜(ML)、草莓(ML)	H:红茶(M)，中等持久 W:红茶(M)、葡萄干(ML)，中等持久 C:红茶(M)、葡萄干(ML)，持久度中等	H:青苹果酸(ML) W:柑橘酸(M) C:柑橘酸(M)	H:红茶般的顺滑(M) W:红茶般的顺滑(M) C:果汁般的顺滑(M)	有花香、葡萄干的香气，容易捕捉到黑朗姆酒和葡萄干的风味，有红茶般中等强度的明亮的柑橘酸，酸转甜很快，也能支撑香，随着温度的降低，有果汁般顺滑的醇厚度	液体量：193% 浓度：1.45%

注：H代表高温区；W代表中温区；C代表低温区；M代表中等强度；ML代表中低强度；L代表低强度。

根据此实验得出，不同的水对冲煮咖啡有着非常大的影响。

萃取咖啡所用的水，一般有3个影响要素：酸碱性、TDS、所含矿物离子。

（一）酸碱性

酸碱性可以侧重处理咖啡萃取液的酸味。由于咖啡液普遍为弱酸性，所以如果选择pH值更高的水，是可以一定程度上降低咖啡的酸味的；同理，选择pH值低的水，则会增强酸性。咖啡师参加比赛的时候，一般会选择弱碱性的水。

（二）TDS（溶解性固体总量）

TDS表示1升水中溶有多少毫克溶解性固体。TDS值越高，表示水中含有的溶解物越多。其中，溶解物包括无机物和有机物，测量单位为mg/L。因此，TDS值越低，代表水中的可溶解物质越少，就越容易把咖啡里面的物质萃取出来（萃取率越高）；而TDS值越高，代表水中的可溶解物质越多，越不容易把咖啡里的物质萃取出来（萃取率越低）。

不同的水可能TDS值会相同，但其内含的可溶性固体成分（矿物质含量）却不一定会相同，形成的风味和香气都会有所差异。因此，TDS值不能作为衡量水质的唯一标准。

（三）矿物离子

不同的矿物离子是会赋予水不同的微弱味道的。比如，镁离子可以使咖啡风味更清爽并带来甜感，钙离子会使咖啡口感顺滑且具有奶油感等。但这些离子的添加都要适量，过多往往会产生苦味并过度提高TDS值，而影响水的溶解速率。

因此，手冲咖啡基本水质应无色无味、无可见杂质、不含氯。建议选择TDS值在125－175 ppm（为SCA冲煮标准）、pH值在6.5－7.5、水的总硬度在50－175 ppm，以及含碳酸钙且总碱度为40－75 ppm碳酸钙的水。

三、研磨咖啡粉的用量

简单来说，一杯咖啡就是将咖啡豆磨成粉之后，通过与水接触时的“溶解”和“扩散”作用，将咖啡豆里面可以溶解的固体物（咖啡豆中饱含丰富风味的咖啡质）转移到水中而成的饮料。决定咖啡品质的因素一般包括咖啡豆品质和水质，以及冲煮方式。咖啡冲煮的可变因素包括咖啡豆研磨粗细程度、冲煮时间、水温、冲煮设备等，这些都会影响我们杯中咖啡的风味表现。

当然，还有一个关键因素，就是冲煮比例，即咖啡粉和水的比例（粉水比），也会影响到咖啡的浓度、口感等。

（一）粉水比的概念

在咖啡冲煮中，粉水比（Ratio）指的是用多少克的咖啡粉，比对多少克（或毫升）的冲煮用水。1000毫升的水重量约为1000克，所以在实际冲煮操作中，会用电子秤来称

水的重量，从而精确界定粉水比的数值。比如，平时说的1∶15粉水比，就是按1克咖啡粉比对15克的冲煮用水。假如你用了15克的咖啡豆磨成粉来进行冲煮（并且磨豆机里没有残留的情况下），那么需要注入的水量为225克（±1克）。当然，称量咖啡粉的更精确方法，是在将咖啡粉倒入滤杯之前，将电子秤清零，总冲煮的咖啡粉重量就可以精准到0.1克。

（二）粉水比与冲煮时间、萃取率、浓度的关系

1.与冲煮时间的关系

在豆子、水质、研磨度、水温、扰流（冲煮手法）固定的情况下，粉水比和冲煮时间呈正相关关系。粉量相同，所用的水越多，所需要的冲煮时间越长；水量越少，所需要的冲煮时间越短。

2.与萃取率的关系

在豆子、水质、研磨度、水温、扰流（冲煮手法）固定的情况下，粉水比和萃取率呈正相关关系。粉量相同，所用的水越多，萃取率越高；水量越少，萃取率越低。咖啡萃取率在冲煮过程中是呈递增关系的。

3.与浓度的关系

在豆子、水质、研磨度、水温、扰流（冲煮手法）固定的情况下，粉水比和浓度呈负相关关系。粉量相同，所用的水越多，浓度越低，水量越少，浓度越高。咖啡浓度在冲煮过程中是呈递减关系的。

（三）粉水比与咖啡风味表现

在咖啡冲煮的过程中，按照“咖啡萃取风味三段论”，咖啡冲煮从开始到结束，随着水量的增加和时间的推移，第一阶段萃取出来的是容易挥发的芳香物质和酸质，第二阶段是甜感和焦糖化物质，第三阶段是苦味、涩味及杂味等偏负面的风味，所以可以通过控制粉水比，来将咖啡的最佳风味表现出来。用同样的咖啡粉量，所用的水少（比如1∶12的粉水比），萃取出来的咖啡风味，就接近前段风味（酸到甜）；所用的水过多（比如1∶20的粉水比），就很容易将苦味、涩味及杂味等冲煮出来。

总的来说，咖啡豆品质极好（如100克熟豆市场价在200元左右的极品豆子，比如巴拿马瑰夏），才适合用高粉水比（1∶17—1∶18）；口粮级别的精品豆（半磅市场价在100元左右），建议用1∶14—1∶16的粉水比；普通的商业豆，想冲煮得能入口、不苦涩，建议用1∶10—1∶12的粉水比去冲煮。而对于新鲜度较差的豆子（比如烘焙时间已经过了3个月），可以用1∶8—1∶10的比例去冲煮（或是拿来做冷萃），原先豆子品质高的话，甜感和主轴风味还是会保留，再加入旁路水（即绕过咖啡粉，直接把水注进了咖啡液里）来调整浓度，也能冲煮出不错的咖啡。

四、冲煮咖啡的操作流程

（一）冲煮时间的计算

电子秤是手冲咖啡必备的冲煮器具之一，电子秤具备了称重与计时的功能，称重功能为咖啡粉量以及粉水比例提供了准确的数据。而计时功能则是为了佐证这杯咖啡冲煮得如何。

在水一开始与咖啡粉接触的时候，咖啡的萃取就开始了，若是先注好水再开始计时，这样实际上是选择性地忽略了注水时的萃取作用。倘若对于闷蒸时间30秒都没有异议的话，在计时上出现了差异，这样其实后者的实际闷蒸时间是大于30秒的。所以，建议在计时的时候还是以水与咖啡粉刚接触的节点开始，即开始注水时就需要计时，以最后萃取出需要的咖啡量为结束点。

图8-3所示为咖啡冲煮示意图。

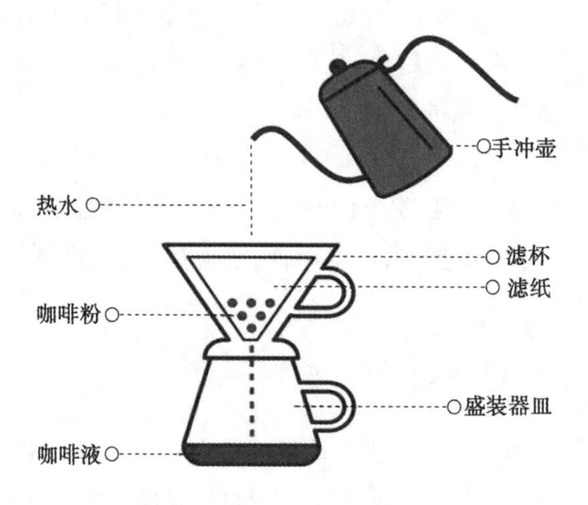

图8-3　咖啡冲煮示意图

以正常的冲泡方式来说（极细粉冲、点滴法这些不讨论），15克粉量的话，低于1分10秒，咖啡风味没有完全被萃取出来，会显示偏淡、水感。超过2分30秒的话，苦涩的味道很容易被冲煮出来，绝大多数的咖啡豆萃取时间在1分30秒－2分10秒，其风味表现最佳。如果对于要提升手冲咖啡技能的同学来说，1分30秒－2分10秒是容错率比较高的检验标准。若是时间不在这个范围内，咖啡的味道也不符合预期，则需要调整研磨或者注水方式，让萃取时间在这个区间里。

同时，选择结构不一样的滤杯也会导致时间的不同。如常用的V60滤杯，其螺旋状的导流肋骨，能让水流顺着同一方向流动，做到均匀萃取与导流，使咖啡的层次感丰富。而Kono滤杯的短肋骨设计，能很好地延长萃取时间而不会导致堵塞，可以使咖啡的口感更加醇厚。

(二)咖啡萃取的主要方式

使用不同的咖啡器具冲泡咖啡,即使每一杯咖啡的粉量和水量一样,也会得到不同口感的咖啡。主要原因是不同器具的萃取方式不同,带来了不同的咖啡感官体验。

1.浸泡式

法压壶、土耳其咖啡、咖啡杯测、虹吸壶、聪明杯、冷泡咖啡等都是让咖啡浸泡在水中,最后将粉水分离得到咖啡液(法压壶、土耳其咖啡和咖啡杯测不做水粉分离)。

2.滴滤式

滴滤式是指使用过滤式制作咖啡,将水注入咖啡粉中,通过地心引力作用使粉水分离。其中,使用的过滤介质可以是滤杯、金属过滤器、各式咖啡滤杯等。冰滴咖啡也属于这种萃取方式。

3.加压式

煮制咖啡中,有器具可以实现在水粉分离时,用徒手增加压力的方法来控制水粉分离的时间和效率,比如爱乐压、D特压。这样的器具增加了咖啡冲泡的可能性,也需要在加压过滤时进行稳定的操作。

4.旁路式

旁路式又被称为"By Pass"。在咖啡冲煮中,水冲刷咖啡粉得到咖啡液称为"正路"。而旁路则是绕过咖啡粉,直接将水注入咖啡液里。

旁路式理论是用更少的水和高粉量萃取出更多物质的高浓度咖啡液,再加入水去稀释到正常感官感到舒适的浓度(1.15%—1.45%)来得到一杯咖啡。

(三)冲煮咖啡的注意事项

1.制作一杯咖啡的流程

(1)确定冲煮方案。

(2)烧水—准备过滤介质—量豆磨粉—开始注水焖蒸—注水冲泡—完成滴滤。

(3)把咖啡倒入杯具,在不同温区品鉴咖啡,清洁器具。

2.制定正确的冲煮方案

(1)正确的粉水比。

粉水比指冲泡咖啡时使用的最终粉量与水量的比值,常用的有1∶14、1∶15等粉水比。粉水比是影响咖啡浓度的主要因素。1—2人份建议使用13—16克粉,2—4人份使用18—20克粉。

(2)正确的研磨对应合适的萃取时间。

研磨与萃取时间共同作用于一杯咖啡,粗研磨和细研磨都可以对应不同的萃取时间制作好喝的咖啡。当咖啡出现问题,调节研磨度是控制咖啡苦涩的绝佳方式。较粗的研磨可以减少萃取时间,从而减弱苦涩感。细研磨会提升苦涩度,同时也会提升乳酸、绿原酸和咖啡因的萃取。滴滤咖啡建议萃取时间为120—150秒。

(3)选择适合的冲煮用水。

建议选择TDS值在50—125 ppm、pH值在6.5—7的矿物质水。水中适量的矿物质

可以让整杯咖啡的醇厚度有明显提升。

(4)合适的萃取水温。

水温可以适当提高咖啡萃取的效率,水温高低也会影响咖啡整体的强弱。在调节水温时要注意当地沸点,推荐水温为90—93℃。

(5)适当的过滤介质。

过滤介质的影响基于滤杯与对应的滤纸匹配(造型和大小都要匹配)。滤纸选择漂白版本而不是原浆版本,原浆会有明显的纸味带入到咖啡中,带来不好的饮用体验。滤纸的材质会带来流速的影响,水粉分离时间为:无纺布滤纸 > 木浆滤纸 > 亚麻滤纸 > 棉麻滤纸。

(6)扰流的选择。

扰流的加入可以是有效的注水搅拌或者使用搅拌棒进行搅拌,以提高咖啡萃取的效率。扰流是人为因素,应该基于大量的练习来增加扰流的稳定性。

(四)咖啡的六大冲煮手法

1.火山冲煮法

火山冲煮法是来自日本的冲煮方式,非常适合深度烘焙的咖啡豆。冲煮过程中,咖啡粉会经过多次闷蒸,咖啡粉里的二氧化碳被快速析出,所以冲煮的时候咖啡粉会有一种火山喷发的感觉,深烘的豆子二氧化碳会更多,一般采用V60滤杯或法兰绒滤网。

采用火山冲煮法,注水分为前后两段:先是细注水,要保证咖啡分层完整,不被破坏,充分萃取之后再进行均匀注水,因为中间的粉层会比较厚,注水区域一般约为一元硬币的大小,既能避免中间过度萃取,也能稀释粉层。采用火山冲煮法制成的咖啡口感香醇,而且有明显的回甘,因整个萃取过程的前1/3有点过度萃取,后2/3又萃取不足,但是这样萃取的两段咖啡经过混合之后,反而成了恰到好处的完美咖啡。

2.松屋冲煮法

松屋冲煮法也是日本流行的咖啡冲煮方法。咖啡粉铺好之后,用咖啡勺在中间掏一个坑,然后从坑内开始注水,等到咖啡液开始滴落的时候再向外画圈注水,直至外层的咖啡粉被浇湿,然后就盖上盖子进行闷蒸,这个过程操作和聪明杯有些类似。闷蒸3分钟继续均匀注水,因为咖啡过度萃取,所以咖啡液一般会加水稀释饮用。采用松屋冲煮法制成的咖啡因萃取时间较长,会散失掉很多的风味,所以咖啡喝起来风味变化不明显。

3.搅拌法

与以往的手冲咖啡不同,搅拌法的咖啡粉研磨很细,先是注水50毫升,然后画十字搅拌,粉水充分接触之后继续注水,基本2分钟就能萃取结束。根据不同的烘焙度,时间也会不同,深度烘焙的可能只需要闷蒸15秒,注水也只需要用90秒。在2012年的世界咖啡冲煮大赛上,Matt Perger使用这个冲煮法拿下了当年的冠军,并一炮而红,从此搅拌法便在欧美国家流行起来。搅拌法可以让我们品尝到更加明显的咖啡风味,但是回甘会逊色不少,这个方法更适合一些高品质咖啡豆。

4.点滴法

使用点滴法，在冲煮时，前期需要一滴一滴地浸湿咖啡粉，等咖啡粉完全浸湿之后再进行均匀注水，水位到达滤杯顶端时暂停注水，等水位回落一半再继续注水。这种冲煮手法可以最大限度地凸显咖啡的甜味，而苦涩和酸质都被巧妙压制，问题是需要咖啡师很细心、很有耐心，同时对手冲壶的控制要非常稳。

5.学院派法

学院派法是咖啡手冲冲煮常见的手法，最大的特点就是稳定，这也是大多数人的首选手法。方法是，中间注水往外画圈，闷蒸之后，等粉盖塌陷了再均匀注水。其手法上比较好掌握，要点就是水流需要稳定、垂直，所以新手可以使用细长口小的手冲壶，更好把控一些。学院派法的冲煮最大的优点就是稳定，但这同样也是这一手法的缺点——因为太稳定了，以至于很难带来意外的惊喜。

6.三段式

三段式，顾名思义分为3个阶段：首先注水30毫升进行闷蒸，时间一般为30秒；然后是二次注水70—90毫升，在此停顿5—10秒；最后再进行快速注水，总水量控制在215毫升左右，时间2分钟，时间到了就直接收杯。三段式也是目前很多咖啡师的首选手法，这种方法不容易控制，掌握不好会显得咖啡味道过于单一，掌握得好则能凸显咖啡的风味。三段式的滤杯一般选用V60。

（五）具体操作流程

1.准备阶段

不能总强调冲煮手法、冲煮步骤，很多时候会忽略掉在冲煮前的准备功夫。咖啡师只有有足够的准备，才能做到临危不乱。其中，在准备阶段极为重要的是冲煮思路准备以及器具准备。

冲煮思路准备是整个冲煮的核心，冲煮某种咖啡应该选择采用何种冲煮方法，会直接影响冲煮器具的选择。这些应该是在冲煮前就确定的，而不是在冲煮时临场发挥。操作流程中，如果选择冲煮的咖啡为水洗耶加雪菲，那么此时需要确定水洗耶加雪菲的冲煮参数（15克粉量，粉水比例1∶15，Ditting804#磨豆机，咖啡研磨度7，冲煮水温92℃，使用V60滤杯冲煮，冲煮方式为三段式）。

2.器具准备

器具准备包括准备冲煮前、中、后所需要的器具，包括需要冲煮的咖啡豆，以及盛粉器、豆勺、滤杯、滤纸、分享壶、电子秤、手冲壶、温度计（温控壶可不用），还有冲煮后所需要的废水壶（用于冲煮结束安放滤杯）、饮用杯等。

磨豆机需要提前调好刻度以及清洗豆仓，水也要预先加热至所需的温度，器具的摆放可以按照自己的习惯进行。

3.冲煮阶段

（1）称豆。称好15克咖啡豆，并把咖啡豆倒入豆仓内。

（2）烧水。把冲煮用水倒入手冲壶内，将温度调整至92℃。

（3）温壶。把分享壶、滤杯放上滤纸，并用热水湿润滤纸达到贴合滤杯的效果（见图8-4）。热水顺便预热滤杯以及分享壶。为饮用杯加上热水，以保证杯子的温度。因

为咖啡液遇冷其成分中的单宁酸会起作用，让咖啡变得很酸。注意，预热过壶的热水记得倒掉。

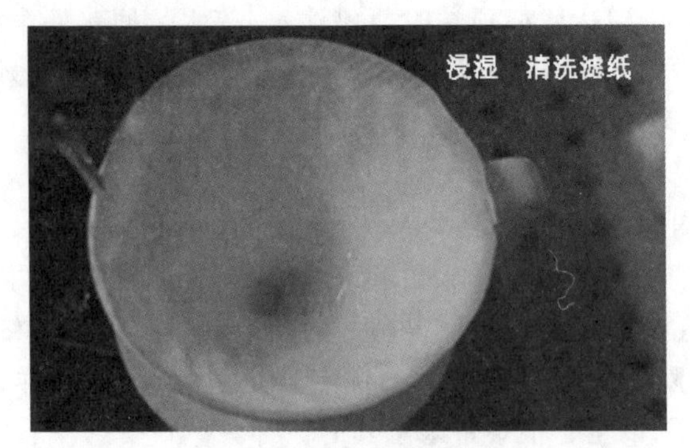

图8-4　湿润滤纸示意图

(4)闷蒸。在确定水温达到92 ℃后，开始研磨咖啡粉。因为咖啡豆研磨成粉后风味散失会很快，所以研磨这个步骤放到最后比较妥善。把咖啡粉倒入滤杯，轻轻晃平，由中间向外绕圈注入30克水，闷蒸30秒(见图8-5)，要确保水都湿润了咖啡粉，在开始注水时按下电子秤的计时按钮。

图8-5　由中间向外绕圈注水示意图

(5)搅拌。接着同样以中间向外的形式注入100克水，注意边搅拌边注水，确保均匀萃取。待水位下降，即将露出咖啡粉床时开始注入最后一段，以小水流从里到外注水的形式注水95克水，达到总水量225克(见图8-6)。

图8-6　小流水式注水示意图

(6)摇晃滤杯。待滤杯中的咖啡流入下壶后，移除滤杯，放置在废水壶上，电子秤显示的时间为1分30秒。然后摇晃滤杯，目的是使咖啡的浓度一致，因为咖啡在萃取的过程是由浓变淡的过程，分享壶底部的咖啡浓度会高于表面。

(7)品尝。将之前温杯的热水倒入废水壶中，再将咖啡液倒入饮用杯里即可品尝。

任务三　手冲咖啡配套工具

想要得到一杯美味的手冲咖啡，自然少不了一套冲泡的器具。手冲咖啡制作过程中，借助手冲器具可以将咖啡的酸质、醇厚感、风味、余韵和平衡感完美地呈现出来。近年来，越来越多的咖啡师选择不同的器具来展示咖啡的风味，表现咖啡艺术。

WBrC & CBrC历届冠军比赛器具汇总如图8-7所示。

World Brewers Cup

时间	姓名	国家/地区	磨豆机	滤杯	手冲壶
2015	Odd-Steinar Tøllefsen	挪威	Ditting KR804	V60-02 陶瓷	Brewista Bonavita 1.0
2016	Tetsu Kasuya（粕谷哲）	日本	—	V60-02 陶瓷	Brewista Bonavita 1.0
2017	王策	中国台湾	Ditting KR804	V60-02 陶瓷	Brewista Bonavita 2.0
2018	Emi Fukahori	瑞士	—	Gina	Brewista Bonavita 3.0
2019	杜嘉宁	中国北京	Ditting KR804	Origami	Fellow Stagg EKG

China Brewers Cup

时间	姓名	磨豆机	滤杯	手冲壶
2016	杜嘉宁	—	—	—
2017	李思莹	—	V60-02 陶瓷	Brewista Bonavita 1.0
2018	李思莹	Mahlkonig EK43	Kalita 3孔扇形	Fellow Stagg EKG
2019	杜嘉宁	—	—	—
2020	李震	Mazzer ZM	V60-02 陶瓷	Brewista Bonavita 3.0

图8-7　WBrC & CBrC历届冠军比赛器具汇总

一、滤杯

100多年前，德国的家庭主妇本茨·梅丽塔发明了咖啡滤泡法，改写了世界饮用咖啡的历史。1908年6月，梅丽塔在专利局注册了她的这项发明：一个拱形底部穿有一个出水孔的铜质咖啡滤杯，这就是世界上第一个滤泡式咖啡杯。100多年来，梅丽塔发明的滤泡方式原理至今几乎未有改变，只是优化了过滤器的形状和滤纸而已。手冲咖啡的滤杯选择很多，平时使用的是滴滤式器具，在注入水流的同时，萃取后的液体也在同步流出。常见滤杯主要按大类分成扇形、锥形和平底(蛋糕滤杯)，对应的品牌分别是Melitta101(见图8-8)、HarioV60(见图8-9)和Kalita155(见图8-10)以及Origami滤杯(见图8-11)等。当下流行滤杯的特点如表8-3所示。

图 8-8　Melitta101 滤杯

图 8-9　HarioV60 滤杯

图 8-10　Kalita155 滤杯

图 8-11　Origami 滤杯

表 8-3　当下流行滤杯的特点

名称	特点
Melitta101 滤杯	底部有 1—3 个小孔，水流速度稳定，保温，风味均衡
HarioV60 滤杯	保温效果特佳；底部开口大，能控制水柱大小；内部螺旋式设计，闷蒸效果更佳
Kalita155 滤杯	20 个皱褶，减少滤杯与滤纸接触面，使咖啡萃取更顺畅；三孔设计，使咖啡液不会长时间停留在滤纸与底部间隙间，避免杂味产生
Origami 滤杯	20 条棱骨设计，可以让滤杯与滤纸之间有充分的空间，保证稳定的萃取速率；大孔径的过滤孔，可以提供更快的过滤速度；陶瓷材质，提供了良好的保温性和导热性

二、分享壶

分享壶是制作手冲咖啡时方便分享咖啡的咖啡液体容器，大多外形精致，观赏性强。分享壶品牌大类分别有 Hero（见图 8-12）、Hario（见图 8-13）、MHW-3Bomber（见图 8-14）和 Kalita（见图 8-15）等。各类分享壶的特点如表 8-4 所示。

图 8-12 Hero分享壶

图 8-13 Hario分享壶

图 8-14 MHW-3Bomber分享壶

图 8-15 Kalita分享壶

表 8-4 各类分享壶的特点

名称	特点
Hero 分享壶	外观精致，一层一层的云朵设计，保温效果好；高硼硅耐热玻璃材质，耐热性能好
Hario 分享壶	云朵的弧度设计，带来独特的光线折射，让玻璃和陶瓷更具丰富浪漫的光影变化；双层保温隔热，非常适合日常冲煮咖啡；云朵形设计，方便握持
MHW-3Bomber 分享壶	防烫玻璃设计，无把手，带有刻度，方便精准计算冲调的数量，造型独特
Kalita 分享壶	锥形分享壶，倾倒咖啡时断水干净利落；把手可以容纳4个手指，握持感舒适；杯口较大，清洗方便；直壁设计，不容易藏污纳垢；平底设计，在加温垫上保温效率更高

三、手冲壶

在咖啡萃取过程中，使用手冲壶可以很好地控制倒入的水量和水速，使萃取更加均匀。手冲壶常用品牌有 Brewista（见图 8-16）、Kinto（见图 8-17）、Hero（见图 8-18）和泰摩手冲壶（见图 8-19）等。主流手冲壶特点如表 8-5 所示。

图 8-16　Brewista 手冲壶

图 8-17　Kinto 手冲壶

图 8-18　Hero 手冲壶

图 8-19　泰摩手冲壶

表 8-5　主流手冲壶特点

名称	特点
Brewista 手冲壶	直切型壶嘴，壶嘴稍尖，水流小，容易表现出细水流；壶颈是鹅颈式，设计特征是壶颈细、曲度大，这种造型出水量较少，水流大小和力度都能更好地控制；智能控温系统一键定温
Kinto 手冲壶	不锈钢材质，磨砂喷涂工艺带来细腻质感，外形优雅；壶嘴鹅颈设计，出水细致，能够随心所欲地控制水流流速，精准控制水流位置；折页式壶盖设计，避免冲泡时壶盖掉落，握柄舒适，操作轻松
Hero 手冲壶	出水均匀，速度可控，壶嘴能够保持超细的水流；底部温控芯片，实现了对水温的精准控制
泰摩手冲壶	稳定性强，出水顺畅，有限流阀门，方便控流；温控手冲壶，方便设置温度，还有计时功能，反应灵敏

四、研磨器具

咖啡豆的研磨器具有咖啡磨豆机，咖啡磨豆机分为电动磨豆机和手摇磨豆机。磨豆机常见的刀盘有 3 种，分别是鬼齿、平刀和锥形（见图 8-20）。手摇磨豆机古朴典雅，

很有韵味，不但能够磨咖啡豆，而且装饰效果极佳。电动磨豆机则以方便快捷著称，非常适合咖啡新手以及家庭公司使用。手摇磨豆机品牌常用的有泰摩（见图8-21）、司令官C40（见图8-22），电动磨豆机品牌有Ditting磨豆机（见图8-23）、Homezst鬼齿磨豆机（见图8-24）等。

平刀刀盘　　锥刀刀盘　　鬼齿刀盘

切割式　　碾压式

图8-20　常见的3种刀盘

图8-21　泰摩手摇磨豆机

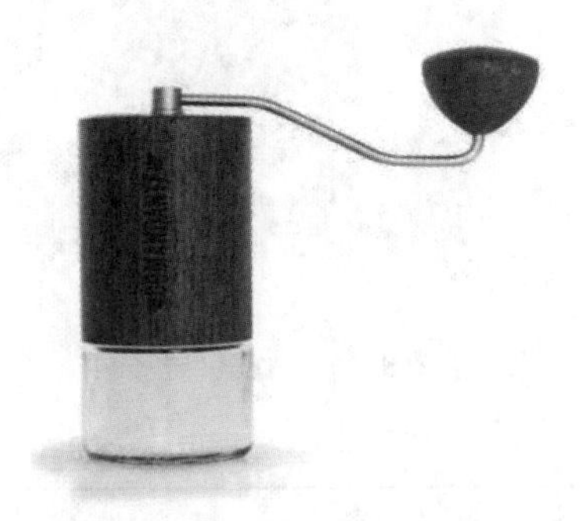

图8-22　司令官C40手摇磨豆机

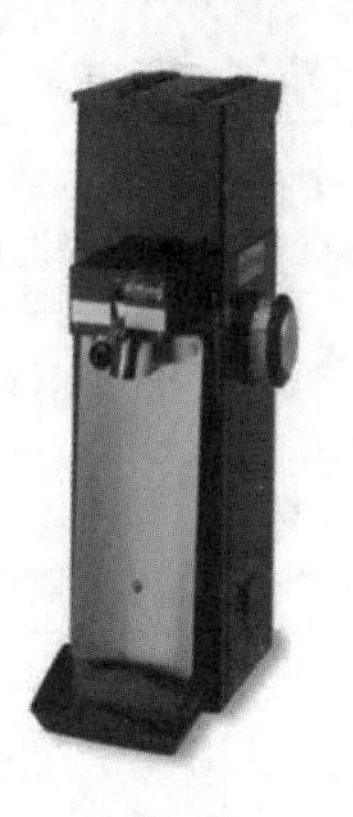

图8-23　Ditting磨豆机

图8-24　Homezst鬼齿磨豆机

五、电子秤

电子秤在手冲咖啡中占据比较重要的作用，常规的电子秤有称重和计时的功能，配备电子秤之后，能够比较好地掌握咖啡的浓度和总萃取时间。电子秤的品牌有Hero

(见图8-25)、Acaia(见图8-26)和HartoV60(见图8-27)以及Brewista(见图8-28)智能电子秤等,可以用来测量粉水比。主流电子秤的特点如表8-6所示。

图8-25　Hero电子秤

图8-26　HartoV60电子秤

图8-27　Acaia电子秤

图8-28　Brewista电子秤

表8-6　主流电子秤的特点

名称	特点
Hero电子秤	铝合金材质,采用了耐高温玻璃,以减少损伤;有5种模式,可以自动计时,可以让咖啡新手更注重注水,不同模式可以训练控流,让咖啡新手知道粉量的多少
Acaia电子秤	触摸按键,防止咖啡液流入机体;智能开关,人性化时间控制;精确度到0.1克,可以通过手机App记录冲煮数据;自动计算粉水比例,稳定且耐用
HartoV60电子秤	不锈钢秤盘,可拆卸设计,方便携带;有助于观察流速和控水,数据出错率小
Brewista电子秤	可以简单计算粉水比,提高冲煮的稳定性;可以设置好粉水比,冲煮结束后可以看到完整的冲煮数据;有自动模式和手动模式,方便咖啡师操作

六、咖啡杯具选择

香醇的咖啡需要一个美丽的杯子,合适的容器才能彰显出那完美无缺的浓郁与色泽,保存香浓的风味。人们喝着同样的咖啡,却会因咖啡杯的形状、材质而感受到不同的酸味、苦味。

（一）颜色

视觉对于味觉感受的影响很大，若是选择陶制咖啡杯或内测有颜色的杯子，在萃取时难以分辨颜色，对浓淡的判断容易失真。咖啡一般呈清澈的琥珀色，为展现咖啡的色彩，选用杯内呈白色的咖啡杯是极佳选择。部分咖啡杯内色彩缤纷、花纹细致，但却会影响辨色性，影响借由咖啡色泽判别咖啡冲煮的品质与状况。

（二）形状

人的舌头构造，在舌尖感受到甜味，侧面、舌根则分别尝到酸味和苦味。杯身开阔的杯子可以让咖啡入口时布满整个口腔，特别适合酸味明显的手冲咖啡。另外，细长的咖啡杯会让咖啡直接冲向喉咙，人们喝起来容易感到偏苦。

（三）杯缘的厚度

咖啡杯缘越薄，越不会干扰到咖啡入口的感觉。较厚实的咖啡杯会让人注意到手上杯子的质感，而不适合拿来品味咖啡。

（四）咖啡杯的材质

陶杯有明显触感，保温效果好，质感浑厚，适合深度烘焙的口感浓郁的咖啡。

瓷杯较为常见，光滑的杯壁带来舒服的触感，厚度可以提升咖啡的醇厚度，保温效果好，圆润光滑，适合诠释咖啡的细致香醇。

玻璃杯可以看到整杯咖啡的色泽，带来不一样的饮用体验，玻璃触感可以提升咖啡的干净度，但其保温效果一般。

（五）咖啡杯的尺寸

咖啡杯的尺寸可以分为3种：小型咖啡杯(60—80毫升)，适合品尝精品咖啡或单品咖啡；正规咖啡杯(120—140毫升)，为一般咖啡杯，杯内的空间较大，可以自行添加糖和牛奶；马克杯或法式欧蕾专用牛奶咖啡杯(300毫升以上)，一般选用小型咖啡杯品尝单品咖啡(手冲咖啡)。

（六）常见咖啡杯具

1. 泰摩甘露品鉴杯

泰摩甘露品鉴杯（见图8-29）是景德镇陶瓷咖啡杯闻香杯，是泰摩为风味甜度提升研发的咖啡品鉴杯。

2. 法国 Foruor

法国Foruor，来自法国的高端创意生活品牌，秉承“时尚之都”的创新设计理念，倡导热情、轻松、幽默、随性的生活态度，不断为人们推出绚丽缤纷、简约高质的商务、家居产品。Foruor金银物语双耳研磨手冲咖啡杯（见图8-30），它的特点是双色注塑盖，可以当咖啡杯使用，内部有可折叠研磨器把手，使用省力，收纳方便；滴滤效果更佳，咖啡

杯为PP+陶瓷结构，研磨器和滤网为304不锈钢结构。

图8-29　泰摩甘露品鉴杯

图8-30　Foruor金银物语双耳研磨手冲咖啡杯

3.Wedgwood骨瓷咖啡杯

骨瓷(Bone China)是目前全球公认高档的瓷种，它的透光度和硬度较高，鲜少瑕疵，高白骨瓷适用于做高档餐具，精致美观的骨瓷对于咖啡的保温效果较好。品牌Wedgwood制作的骨瓷咖啡杯(见图8-31)，外观精致，内部透亮纯白，适合用于高档场合，具有极高的观赏价值。

4.Origami Aroma咖啡杯

Origami Aroma是2019世界手冲咖啡大赛冠军杜嘉宁使用的咖啡杯(见图8-32)。品香杯如陶罐，杯宽处容量为150毫升，大面积的咖啡液露出，能够更好地挥发其香气。杯口的外扩设计，有利于品尝和捕捉香气。饮用时，大直径的杯口包裹鼻腔，聚拢香气的同时，能够带来更加直观的嗅觉体验。

图8-31　Wedgwood骨瓷咖啡杯

图8-32　Origami Aroma咖啡杯

七、其他咖啡冲煮器具

(一)法式压滤咖啡壶

法式压滤咖啡壶是1850年左右发源于法国的一种由耐热玻璃瓶身(或者是透明塑料)和带压杆的金属滤网组成的简单冲泡器具。起初它多被用作冲泡红茶，因此也有人称之为“冲茶器”。

用法式压滤咖啡壶煮咖啡的原理：用浸泡的方式，通过水与咖啡粉全面接触浸泡的焖煮法来释放咖啡的精华。

（二）凯麦克斯咖啡壶

凯麦克斯咖啡壶诞生于1941年的美国，现在已经风靡全世界。它是由移居纽约的德国柏林大学化学博士Peter Schlumbohm发明的。他将实验室的玻璃漏斗与锥形烧瓶加以改良，设计出这款历久不衰的经典之作。

（三）越南滴滤壶

1860年左右，法国耶稣会传教士将咖啡带到越南。在将近160年的历史里，越南逐渐发展出自己特有的咖啡文化。法式滴漏壶流经过改良，发展成为越南滴滤壶，是萃取越南咖啡的首选器材。其体积小，便于携带，一般由不锈钢或铝制成。

（四）自动式滴滤咖啡机

20世纪50年代，德国发明出世界上第一台电动咖啡滴滤机。到20世纪70年代，市面上逐渐出现了各式各样的滴滤机器。滤纸式滴滤杯的典型优点是清洗方便，而电动咖啡滴滤机在控制水温方面有了明显的提高。两者完美结合，使它广受喜爱。

（五）摩卡壶

最早的摩卡壶是意大利人Alfonso Bialetti在1933年制造的，他的公司Bialetti一直以生产这种名为Moka Express的咖啡壶而闻名世界。传统的摩卡壶是铝制的，可以用明火或电热炉具加热。由于这种铝制的摩卡壶不能在电磁炉具上加热，所以现代摩卡壶大多使用不锈钢制造，还出现了像电水壶一样的电加热摩卡壶。

（六）虹吸壶

1840年，英国人拿比亚以化学实验用的试管做蓝本，创造出第一款真空式咖啡壶。两年后，法国人加以改良，上下对流式虹吸壶从此诞生。后来，日本人将虹吸壶的制作方法发扬光大，并影响了中国台湾地区及东亚各国的咖啡器具。

（七）爱乐压

爱乐压（Aeropress）由美国人Alan Adler于2005年发明，距今不到20年的时间，期间没经历过很大的改变。相对于其他咖啡冲煮器具，Adler先生表示爱乐压设计的重要理念就是在它的萃取过程中，缩短咖啡粉和水的接触时间，从而获得高质量的咖啡出品。

爱乐压是一种手工烹煮咖啡的简单器具。总的来说，它的结构类似于一个注射器。使用时，在其“针筒”内放入研磨好的咖啡和热水，然后压下推杆，咖啡就会透过滤纸流入容器内。它结合了法式滤压壶的浸泡式萃取法，滤泡式（手冲）咖啡的滤纸过滤，以及意式咖啡的快速、加压萃取原理。爱乐压冲煮出来的咖啡，兼具意式咖啡的浓郁、滤泡咖啡的纯净及法国压的顺口。它可以改变咖啡研磨颗粒的大小和按压速度，人们可以按照自己的喜好烹煮出风味不同的咖啡。除了快速、方便、效果好，爱乐压还

具有体积短小轻便、不易损坏的优点，非常适合作为外出使用的咖啡冲煮器具。

教学互动

1. 选用不同品牌的纯净水或矿泉水做冲煮训练，并记下其香气和风味。
2. 选用不同的研磨度冲煮同一支咖啡豆，感受研磨度对咖啡的影响。

项目小结

本项目概述了手冲咖啡的基本知识和技能，并配合实操训练，为成为一名合格的咖啡师做好准备。

项目训练

1. 运用三段式手冲咖啡技法冲煮咖啡。
2. 练习冲煮的手法，2分钟均匀注水200毫升，并保持不断流。

项目九
其他咖啡器具的制作流程

项目描述

咖啡师除了能够流畅地使用意式咖啡机、手冲咖啡器具等，还需要全面掌握其他制作咖啡的器具，熟悉制作流程及规范。

项目目标

知识目标

掌握虹吸壶、摩卡壶、聪明杯、法压壶、爱乐压的使用方法。

能力目标

掌握虹吸壶、摩卡壶、聪明杯、法压壶、爱乐压的操作技能。

素质目标

熟悉多种制作咖啡器具的制作流程，并树立咖啡师职业信心。

知识导图

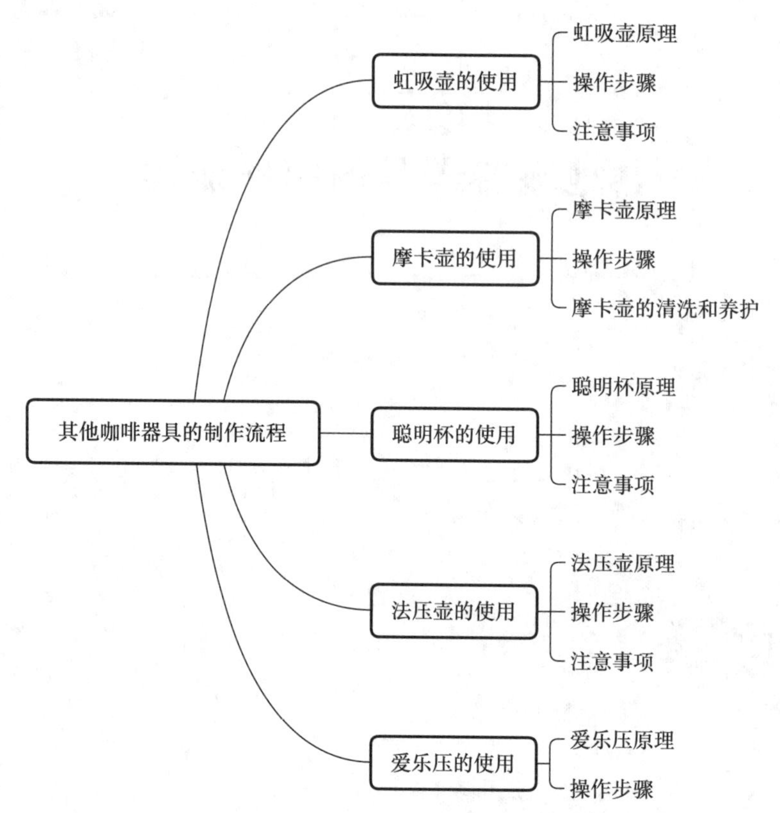

学习重点

1. 虹吸壶的使用。
2. 摩卡壶的使用。
3. 聪明杯的使用。

学习难点

1. 法压壶的咖啡制作要点及流程。
2. 爱乐压的咖啡制作要点及流程。

项目导入

目前，多数咖啡师只能熟悉与运用意式咖啡机和手冲咖啡器具，但其余的咖啡器具不能得到很好的运用。本项目的目的是让咖啡师能够更全面地掌握咖啡制作器具，以培养全能型咖啡师。

任务一 虹吸壶的使用

一、虹吸壶原理

虹吸壶又称为"Syphon"(塞风),其主要原理是利用理想气体方程式:PV=nRT,在固定体积下,加温后沸水产生蒸汽后升压,然后下壶压力将沸水经由玻璃管压入上层,接着利用浸泡的原理萃取咖啡;萃取完成后,移开热源,下壶降温后使下层压力下降,呈趋向真空的状态,用以吸取上层已煮好的咖啡,并且用上壶的滤器过滤咖啡渣。

一般来说,虹吸壶有2人份、3人份和5人份3种。其中,2人份代表2杯量,每杯标准为120毫升,其最大容量为240毫升;3人份代表3杯量,每杯标准为120毫升,其最大容量为360毫升;5人份代表5杯量,每杯标准为120毫升,最大容量为600毫升。虹吸壶上面的刻度代表着容量,标示着几刻度,则其水的容量为N×120毫升。

一般用虹吸壶煮一杯咖啡(120毫升/杯)所需要的咖啡粉量为15克左右,即粉水比为1:8,具体比例可按照个人喜好而定;做几杯咖啡则按照相对应的粉量去加入就可以了。比如,做两杯咖啡,通常就用30克咖啡粉(粉水比1:8)。

二、操作步骤

(1)将水注入虹吸壶下座的玻璃球体中(见图9-1)。壶身有杯量的刻度,可以按照自己的出杯份数自行掌握。

视频

虹吸壶制作方法

图9-1 将水注入下壶

(2)将虹吸壶的过滤片正确安装在上座正中(见图9-2)。一定要确认保证处于上座底部的正中间,若有偏移,可以使用搅拌棒调正,否则将直接影响咖啡出杯口味;向下拉过滤片的金属钩,使它能正确牢固地钩住上座下面玻璃管的下沿(见图9-3),并将虹吸壶斜插在下壶上。

(3)燃酒精灯或瓦斯炉,置于虹吸壶下座球体的正下方,酒精灯火焰高度以外焰能接触到下座为宜(见图 9-4)。

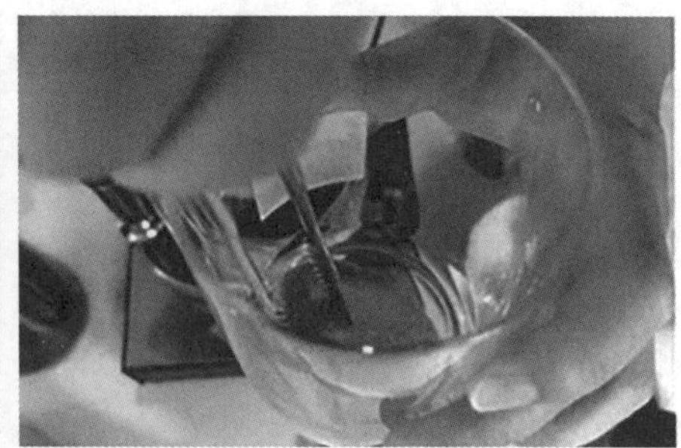

图 9-2　将滤杯放入上壶

图 9-3　下拉滤布金属挂钩

图 9-4　用加热源加热

(4)待下座中的水完全抽入上座后,调小瓦斯炉的火(使用酒精灯不必调节),将咖啡粉倒入上座,轻轻搅拌粉层(见图 9-5)。但不要一直不断地去搅拌,防止萃取过度。等到所需的浓度、味道或设定的时间已到,进行关火。

(5)关火后,用湿抹布迅速擦拭下座(见图 9-6)。用温度较低的毛巾擦拭下壶的目的是让下壶空气变冷产生负压,令咖啡能较快进入下座的同时避免下壶的热量对咖啡液体造成二次加热,影响风味。

注意：要均匀迅速，抹布不要固定在一个地方，以免下座爆裂，建议不要触碰加热点的玻璃，不是知名大厂的玻璃制品很可能因为急剧的冷热而炸裂。

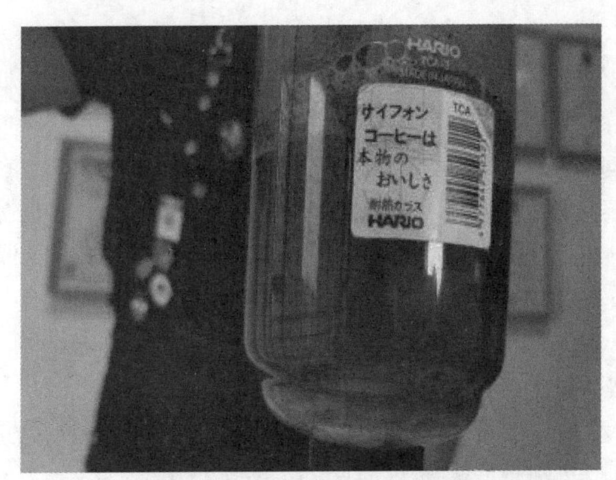

图 9-5　用搅棍对咖啡进行搅拌

图 9-6　用湿包住下壶，使下壶迅速降温

(6)轻轻摇动上座，以便拔离下座。也可以用搅拌棒拨开上壶的咖啡渣，以利于空气的进入，平衡上下壶压力，方便拆卸。

(7)将煮好的咖啡倒入杯中(见图 9-7)，开始准备品尝。

图 9-7　将煮好的咖啡倒入杯中

三、注意事项

(1)使用以前,下壶外表要擦干,避免有水珠,防止操作过程中发生意外。

(2)拔开上座时要左右晃动往上拔,不要旋转,切勿太过用力,同时更推荐拨开上层的粉层平衡压力。

(3)中间过滤网下面的弹簧要拉紧,挂钩要钩住,且将滤片用搅拌棒拨到正中央。

(4)插上座时要往下插紧,扶住,等下壶压力将管子撑住后才可放手。

(5)煮过的咖啡粉先拍打松散或用搅拌棒推开,倒掉后再用清水冲洗上瓶。

(6)过滤网要泡在清水中备用,以延长滤布使用期限,也可以使用丸形滤纸简化操作,用完即弃。

(7)右手拔上座时,重点在于左手要抓紧下座的把手。

(8)萃取时,拨动手法要轻柔,可以使用十字搅拌法或圆圈搅拌法。

(9)木棒拨动时,勿刮到底下的过滤网。

(10)萃取时间不宜过长,否则会带来不好的负面风味。

(11)虹吸壶咖啡的制作影响萃取的因素同样适用,要充分考虑每一项。

(12)正式操作前需要预热虹吸壶及清洗滤布。

(13)建议使用温水来制作,以减少等待时间,但避免用过热的水。

任务二　摩卡壶的使用

摩卡壶(见图 9-8)作为意大利的一大咖啡文化,是一种用于萃取咖啡的工具,在欧洲和拉丁美洲国家普遍使用,在美国被称为"意式滴滤壶"。

图 9-8　摩卡壶

Note

一、摩卡壶原理

摩卡壶分为上下两个部分，下壶盛放热水，在火上加热后，热水沸腾挥发蒸汽，蒸汽会通过气压使热水回流，快速通过咖啡粉从而将咖啡液体萃取出来(见图9-9)。

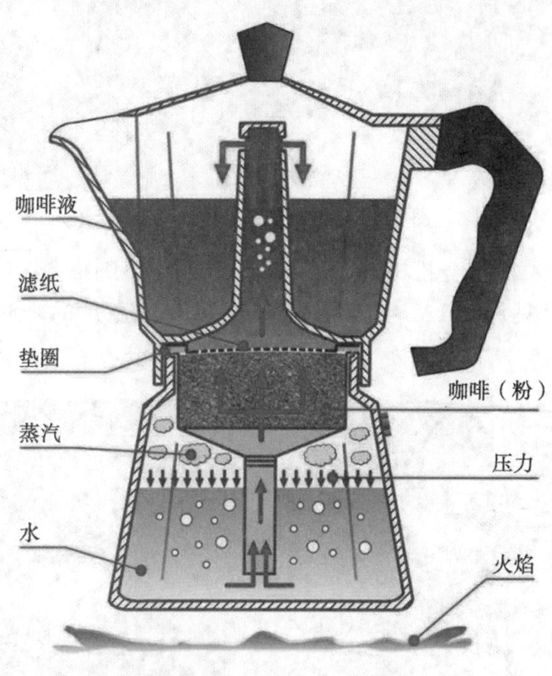

图9-9 摩卡壶的工作原理

二、操作步骤

(1)称量咖啡豆(见图9-10)并研磨。

(2)在下壶中注入清水(见图9-11)。建议用温水，以减少加热咖啡粉的时间，同时避免咖啡有金属味。注意水量不要超过安全阀。水太少的话，压力太小，也会影响萃取的效果。

视频

摩卡壶制作方法

图9-10 称量咖啡豆

图9-11　将水倒入摩卡壶下壶

(3)将咖啡粉倒入粉槽至粉槽口,咖啡粉研磨度需要细一点,填完粉后注意轻轻震动粉槽并抚平粉面(见图9-12),不要按压。注意清理壶边的咖啡粉残留,以免影响萃取。

图9-12　将咖啡粉倒入下壶,并布平咖啡粉

(4)接着,装上粉槽和上座,拧紧。要注意检查上壶内的气阀是否完好无损,避免后期加热时有隐患。

(5)将摩卡壶放在煤气灶上加热,瓦斯炉、光波炉亦可。

(6)过了一段时间之后,摩卡壶发出快速的类似高压锅的“嘶嘶”声。一旦看到咖啡开始冒出来(见图9-13),立马将火关小,直至全部冒完。最后,将煮好的咖啡全部倒出(见图9-14)。

图9-13　咖啡受热后开始流出

图9-14　倒出煮好的咖啡

小提示：倒完咖啡液，摩卡壶仍有余温，不要用手触摸摩卡壶表面或直接将其放置于桌面。滤纸可加可不加，若不加滤纸，咖啡液快倒完时可能会混有细粉。不要等咖啡液冒完再去关火，那样会造成下壶干烧。摩卡壶也有相对应的粉水比，建议做前进行称重。

三、摩卡壶的清洗和养护

在使用新的摩卡壶前，建议用水冲洗几次，再用咖啡冲洗几次。这样可以清洗掉摩卡壶生产中残留的有害物质，降低喝到带有金属味咖啡的风险。

清洗摩卡壶时，应该避免使用任何清洁剂，而是仅使用热水冲洗，避免除去壶内的保护层导致咖啡中混入任何不良物质。同样，也不建议用洗洁精来清洗摩卡壶，因为洗洁精将会溶解壶内的保护层并且导致金属氧化腐蚀，特别是对铝制部分危害很大。定期更换橡胶封条以及再三检查压力阀的清洁度和紧密度也很重要。也要注意清洁底壶上方的过滤器。可用稀释了的白醋清洁水垢等沉淀物——将稀释了的白醋静置于底壶中，隔夜倒出，再用热水清洗。每次使用完摩卡壶，必须进行清洁，否则壶内会出现发霉状况，影响咖啡的味道。

任务三　聪明杯的使用

一、聪明杯原理

聪明杯底部分为两层，外层是支撑功能，内层带有按压式开关阀设计。只要不放在容器上，阀门是处于一种紧闭的状态，使咖啡粉能够浸泡其中。浸泡完成后，把滤杯放在容器上，底盘中间会受到按压，促使活塞阀开启，让咖啡液流入容器中。

聪明杯集合了法压壶的浸泡式萃取和手冲的滴滤式萃取。即使用浸泡方式萃取出风味物质后通过滤纸过滤，由于滤纸的密度能阻隔咖啡渣、细粉与油脂，所以制作出来的咖啡风味浓郁，口感饱满，干净度佳。

二、操作步骤

(1)折好滤纸放在聪明杯内,把聪明杯放在容器上,用热水润湿滤纸的时候能同时预热器具。

(2)把聪明杯移到电子秤处(此时阀门会自动关闭),往滤杯中央倒入研磨好的咖啡,直接注入225毫升的水,保证咖啡粉全部湿润,然后盖上盖子等待4分钟。

(3)浸泡完成后,将聪明杯移到容器上打开阀门,过滤出滤杯中咖啡液。

聪明杯的具体操作步骤如图9-15所示。

视频

聪明杯制作方法

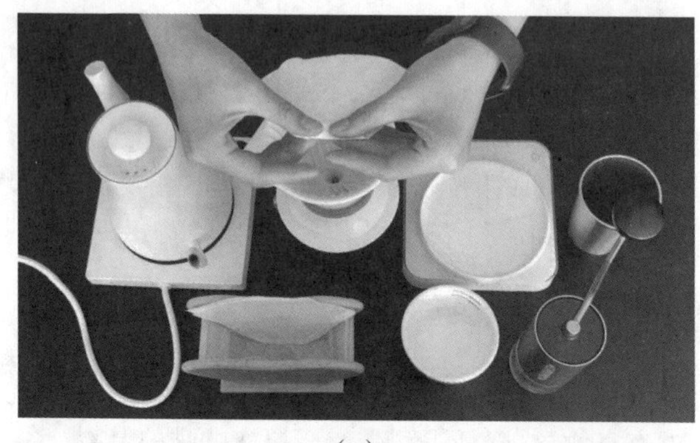

(a)

(b)

(c)

Note

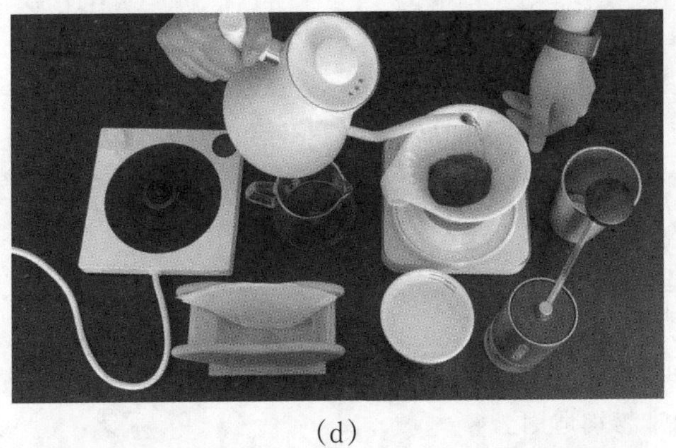

(d)

(e)

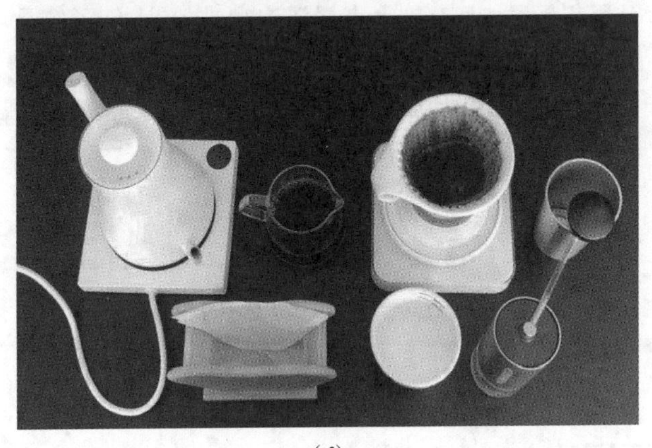

(f)

图9-15 聪明杯的操作步骤

三、注意事项

咖啡粉适合用中粗颗粒,由于热水直接浸泡咖啡粉,太细了容易萃取过度。

任务四　法压壶的使用

一、法压壶原理

法压壶的原理是，用浸泡的方式，让水与咖啡粉全面接触，用焖煮法释放咖啡的精华，浓淡口味的咖啡粉均适用。

二、操作步骤

(1)将滤压壶和咖啡杯用热水温热。

(2)拔出滤压壶的滤压组。倒掉水，并放入20克左右的咖啡粉。

(3)滤压壶呈45°角斜放，将200毫升、95 ℃左右的热水慢慢冲入其中，然后静置3—4分钟。

(4)用竹棒搅拌咖啡粉，让夹杂的咖啡油脂浮上液面。

(5)套上滤压器组，轻轻下压到底，再将咖啡倒入咖啡杯里。

三、注意事项

(1)咖啡粉适合用粗颗粒，由于热水直接浸泡咖啡粉，太细了容易萃取过度。

(2)咖啡粉不能太少，一般10克咖啡粉配100毫升水。

(3)咖啡泡好要及时倒出，法压壶泡好咖啡后，咖啡液和咖啡粉残渣是混合在一起的，咖啡液如不及时倒出，会继续萃取，影响口感。

任务五　爱乐压的使用

一、爱乐压原理

爱乐压的构造可简单分解为壶身、滤盖、活塞压筒三大部分，当然还有专门的圆形滤纸与爱乐压搅拌棒、漏斗。它结合了法式滤压壶的浸泡萃取方式、手冲咖啡的滤纸过滤以及意式咖啡机的加压萃取。其工作原理是将咖啡粉与热水搅拌混合后，以压筒挤压空气，穿透滤盖萃取出风味干净的咖啡。

爱乐压的制作咖啡方式分为正压与反压。正压就是将爱乐压的壶身正放在杯子上，加入研磨好的咖啡粉以及一定比例的热水之后进行搅拌，插入活塞压筒之后往下按压萃取。反压则是把活塞压筒先安在壶身上，倒过来放，放入咖啡粉与热水进行搅

拌后，按上滤盖，再倒回来进行挤压萃取。

二、操作步骤

（一）正压

（1）首先，把圆形滤纸按在滤盖上并用水湿润贴合。

（2）把滤盖按在壶身上，正面放置于滤杯之上。放上漏斗，倒入15克研磨好的咖啡粉。

（3）开始计时，倒入热水，水位至壶身的“④”刻度处。

（4）使用搅拌棒稍稍搅拌壶内的咖啡粉，让全部的咖啡粉都被水湿润。

（5）按上活塞压筒，因为正压会有咖啡滴入下壶，所以注水后搅拌时按上压筒的动作要快。按上压筒后，因为里面处于密封状态，因此滴水会停止。

（6）1分钟后，开始挤压活塞压筒，咖啡液受到挤压会被压到下壶。

（7）丢弃咖啡渣时将活塞拉回2—3厘米，以防止继续滴漏。拆开过滤器，将冲煮器对准咖啡渣回收桶推下活塞。

（二）反压

（1）组装壶身和活塞，把活塞压筒压至刻度“④”处，倒放置于桌面。

（2）放上漏斗，倒入15克咖啡粉。

（3）开始计时，然后注入热水至满。

（4）使用搅拌棒把咖啡粉搅拌均匀。

（5）按上滤盖，翻转壶身置于滤杯之上，这个动作要快，防止咖啡液溢出。

（6）直到1分钟后，开始缓慢挤压活塞压筒。

爱乐压的具体操作如图9-16所示。

视频

爱乐压制作方法

（a）

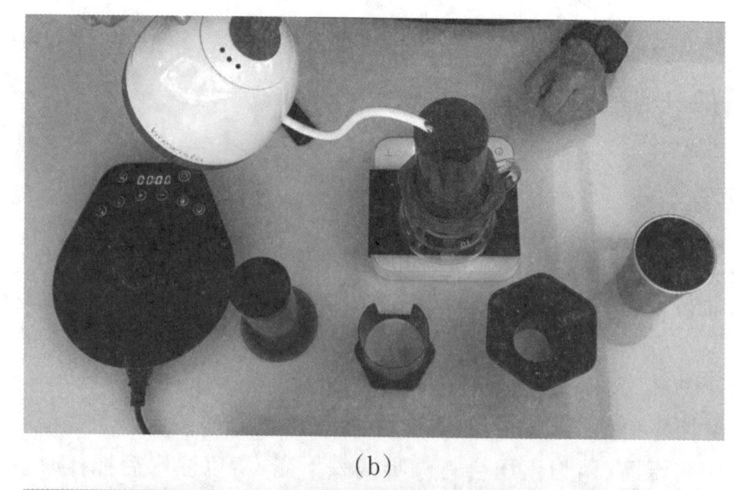

(b)

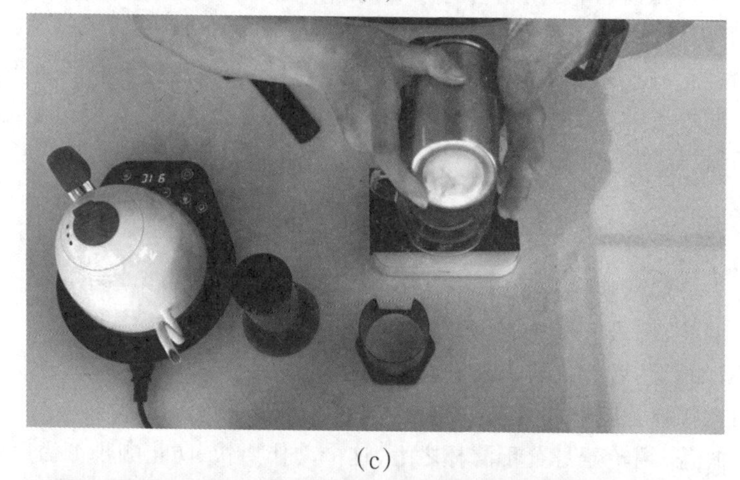

(c)

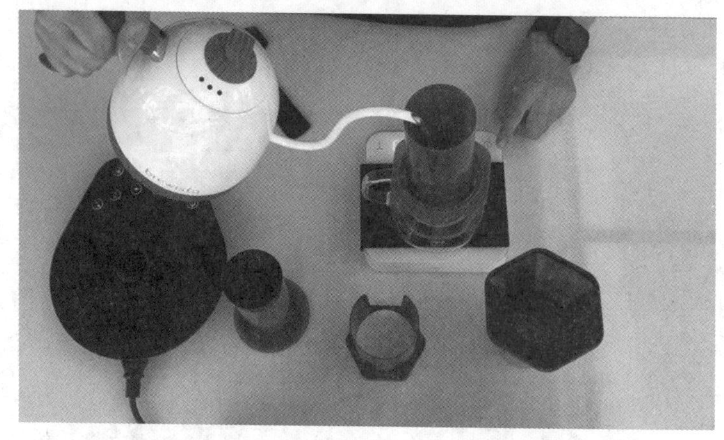

(d)

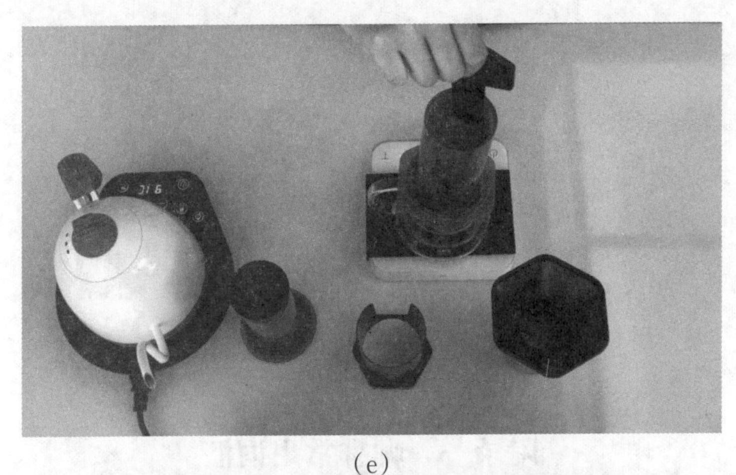

(e)

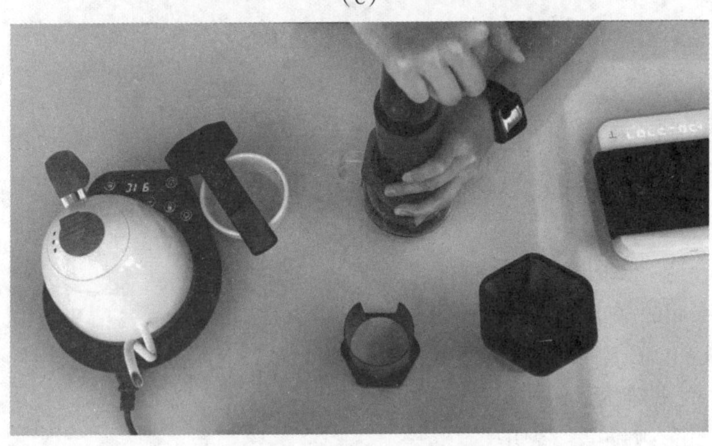

(f)

图9-16 爱乐压的操作步骤

教学互动

教师进行各类器具使用演示，并说明注意事项。

项目小结

本项目主要是为了让学生能够全面了解其他制作咖啡的器具，用不同的器具制作呈现咖啡不同的风味，进一步感受咖啡的神奇魅力。

项目训练

1. 按照流程，练习使用不同的咖啡器具制作咖啡。
2. 编制每一种咖啡器具的使用流程表格。

附录
咖啡常用英语

附录一　咖啡常用词汇

一、常用咖啡英语单词

Coffee Bar / Coffee Shop:咖啡店
Coffee Bean:咖啡豆
Coffee Break:工作时喝杯咖啡休息一会儿
Coffee Grinder:咖啡豆研磨机
Coffee Machine:咖啡机
Coffee Pot:咖啡壶
Coffee Table:咖啡桌、茶几
instant Coffee:速溶咖啡

二、常见的通用咖啡品名

意大利咖啡:Italian Coffee
意式浓缩咖啡:Espresso
意大利泡沫咖啡:Cappuccino
拿铁咖啡:Cafe Latte(Coffee Latte)
美式咖啡:Cafe Americano
法式滴滤咖啡:French Coffee
冰法式滴滤:Iced French Coffee
低因咖啡:Decaffeinated Coffee
曼巴咖啡:Special Coffee (Mandeling and Brazilian Coffee)
速溶咖啡:Instant Coffee
现磨咖啡:Fresh Ground Coffee
冰咖啡:Iced Coffee
浓缩冰咖啡:Iced Espresso
冰薄荷咖啡:Iced Mint Coffee

冰卡布奇诺:Iced Cappuccino
冰焦糖卡布奇诺:Iced Caramel Cappuccino
冰香草卡布奇诺:Iced Vanilla Cappuccino
冰榛子卡布奇诺:Iced Hazelnut Cappuccino
果味冰卡布奇诺:Iced Fruit Cappuccino
果味卡布奇诺:Fruit Cappuccino
薰衣草卡布奇诺:Lavender Cappuccino
香草卡布奇诺:Vanilla Cappuccino
榛子卡布奇诺:Hazelnut Cappuccino

三、常见的花式咖啡品名

冰拿铁咖啡:Iced Cafe Latte
冰焦糖咖啡拿铁:Iced Caramel Latte
冰香草咖啡拿铁:Iced Vanilla Latte
冰榛子咖啡拿铁:Iced Hazelnut Latte
冰菠萝咖啡拿铁:Iced Pineapple Latte
冰草莓咖啡拿铁:Iced Strawberry Latte
冰果味咖啡拿铁:Iced Fruit Latte
黑莓咖啡拿铁:Blackberry Latte
拿铁香草:Vanilla Bean Latte
薰衣草咖啡拿铁:Lavender Latte
椰子冰咖啡拿铁:Iced Coconut Latte
黑莓冰咖啡拿铁:Iced Blackberry Latte
芒果冰咖啡拿铁:Iced Mango Latte
蜜桃冰咖啡拿铁:Iced Peach Latte
蜜桃咖啡拿铁:Peach Latte
樱桃咖啡拿铁:Cherry Latte
樱桃冰咖啡拿铁:Iced Cherry Latte
榛子咖啡拿铁:Hazelnut Latte
香蕉咖啡拿铁:Banana Latte
浓缩咖啡康保蓝:Espresso Con Panna
浓缩咖啡玛奇朵:Espresso Macchiato
冰美式咖啡:Iced Cafe Americano
菠萝冰美式:Iced Pineapple Americano
芒果冰美式咖啡:Iced Mango Americano
蜜桃冰美式咖啡:Iced Peach Americano
香蕉冰美式:Iced Banana Americano
冰摩卡:Iced Mochaccino
草莓摩卡咖啡:Iced Strawberry Mocha

樱桃摩卡咖啡:Cherry Mocha
椰子摩卡咖啡:Coconut Mocha
芒果摩卡咖啡:Mango Mocha
香蕉摩卡咖啡:Banana Mocha
冰水果咖啡:Iced Fruit Coffee
法国香草咖啡:French Vanilla Coffee
漂浮冰咖啡:Iced Coffee Float
巧克力冰咖啡:Iced Chocolate Coffee
巧克力咖啡:Chocolate Coffee
塔拉珠高山咖啡:Tarrazu Coffee
炭烧咖啡:Charcoal Coffee
特雷里奥咖啡:Tres Rios Coffee
维也纳咖啡:Vienna Coffee
杏香咖啡:Saronno Coffee
夏威夷柯娜咖啡:Hawaiian Kona Coffee
玫瑰夫人咖啡:Rose Lady Coffee
墨西哥冰咖啡:Iced Mexican Coffee
瑞士冰咖啡:Iced Swiss Coffee
巴西咖啡:Brazil Coffee
皇家咖啡:Royal Coffee
君度咖啡:Cointreau Coffee
爱尔兰咖啡:Irish Coffee
生姜咖啡:Ginger Juice Coffee
贵妇人咖啡:Dame Coffee
椰香咖啡:Coconut Coffee

四、准备点单时常用的英语

1.Barista:咖啡师

Barista(咖啡师)的职业定义:从事咖啡调配、制作和服务等工作的人员。

从事的主要工作内容包括:

(1)对咖啡豆进行基本鉴别,根据咖啡豆的特性拼配出不同口味的咖啡;

(2)使用咖啡设备、咖啡器具制作咖啡;

(3)为顾客提供咖啡服务;

(4)传播咖啡文化。

2.Shot:一份浓缩咖啡

Shot是指一份1盎司的浓缩咖啡。每一份标准的浓缩咖啡是由3个部分所组成:浓郁黄金泡(Crema)、醇厚口感(Body)与热情的心(Heart)。黄金泡指的是浓缩咖啡表面一层焦糖色的泡沫,在浓缩咖啡煮完后几秒就消失了。Shot指的是8盎司(约240毫升)大小的饮料,最适合在晚餐后饮用。

3.Espresso(E-SPRE'-SO):浓缩咖啡

Espresso是指采用浓缩烘焙咖啡豆所萃取出来的香醇咖啡。浓缩咖啡通常用一个小型咖啡杯呈装,而且常常被用以调和出其他独特的咖啡饮料。

4.Espresso Con Pana (E-SPRE'-SO CONE PA'-NA):浓缩康宝蓝

浓缩咖啡上覆滑顺鲜奶油。

5.Espresso Macchiato (E-SPRE'-SO MA-KEE-AH'-TOE):浓缩玛奇朵

浓缩咖啡轻柔地用奶泡做上记号。

6.Caffe Latte (KA-FAY' LA'-TAY):拿铁

一种三阶段制作而成,且口感滑顺的饮料:一份新鲜的浓缩咖啡,加上热牛奶至满杯后,表层再铺上一层细致的薄奶泡,创造出令人惊喜的口感。而Latte Macchiato(拿铁玛奇朵)的制作方法与拿铁大同小异,唯一的分别是玛奇朵必须先加牛奶,再加入咖啡在其上"做记号",让口感更加滑顺。"Macchiato"是意大利文"做记号"的意思。

7.Caffe Mocha (KA-FAY' MO'-KAH):摩卡

醇厚的浓缩咖啡与高品质巧克力的经典组合,并用新鲜的热牛奶做调和,顶端覆以柔滑的鲜奶油。

8.Cappuccino (KA-PU-CHEE'-NO):卡布奇诺

一种典型意大利式的早餐饮料,它的牛奶量比拿铁的少,奶泡的量却比较多。一般而言,"Dry"(干的)指的是奶泡较多的卡布奇诺,而"Wet"(湿的)指的是牛奶较多的卡布奇诺。

9.Caffe Americano (KA-FAY' A-MER-I-CAH'-NO):美式咖啡

香醇浓缩咖啡与热水的结合,创造出风味十足,并带有浓缩咖啡深沉口感的饮料。

10.Single:单份浓缩咖啡

从浓缩咖啡机中萃取出的一份浓缩咖啡(约1盎司),通常单独饮用,或加上蒸汽蒸过的香醇热牛奶。大部分的小杯与中杯饮料,皆含一份浓缩咖啡。

11.Double:双份浓缩咖啡

两份单份的浓缩咖啡,是Starbucks大杯饮料的标准配备,但是如果您希望您杯中的拿铁咖啡味更香浓一点,可以告知服务人员,为您再多加一份浓缩咖啡。

12.Vanilla:香草糖浆;Hazelnut:榛果糖浆

13.Tall:中杯

Tall指的是12盎司(约360毫升)的饮料,这是最多人点用的Size。

14.Grande:大杯

在Starbucks,Grande指的是16盎司大小(约480毫升)的饮料,当您想好好地犒赏一下自己时,这会是您最好的选择。

15.Low-at:低脂

一个更无负担的选择,您可以选用低脂牛奶调制出您专属的低脂拿铁。

16.No foam:不加奶泡

您不喜欢拿铁上的奶泡沾到鼻子上吗? 您可以告知服务人员您不想要奶泡,这样您就只会拿到浓缩咖啡与热牛奶的结合了。

17.Dry:奶泡较多的

意指奶泡的量比牛奶多。假如您喜欢充满绵密香甜奶泡的卡布奇诺,您可以告知服务人员您的需求。

18.With Room:留点空间

意即我想在我的美式咖啡/每日经选咖啡里加些牛奶,麻烦您帮我留些空间。

19.Whip:鲜奶油

Whipped Cream 的简写。假如您希望降低摩卡咖啡的热量,可以告知服务人员,“我不要加鲜奶油”。

五、星巴克饮品英语

(一)经典咖啡类

1.热饮系列:Hot Espresso

拿铁:Caffe Latte

香草拿铁:Vanilla Latte

美式咖啡:Caffe Americano

卡布奇诺:Cappuccino

摩卡: Caffe Mocha

焦糖玛奇朵:Caramel Macchiato

浓缩咖啡:Espresso

浓缩康保蓝:Espresso Con Panna

浓缩玛奇朵:Espresso Macchiato

2.冰饮系列:Iced Espresso

冰拿铁:Iced Caffe Latte

冰香草拿铁:Iced Vanilla Latte

冰摩卡:Iced Caffe Mocha

冰焦糖玛奇朵:Iced Caramel Macchiato

(二)星冰乐:Frappuccino

1.咖啡系列:Blended Coffee

焦糖咖啡星冰乐:Caramel

浓缩咖啡星冰乐:Espresso

摩卡星冰乐:Mocha

咖啡星冰乐: Coffee

2.无咖啡系列:Blended Cream

焦糖星冰乐:Caramel

抹茶星冰乐:Green Tea

香草星冰乐:Vanilla

巧克力星冰乐:Chocolate

3.果茶系列:Blended Juice

芒果西番莲果茶星冰乐:Mango Passion Fruit

（三）咖啡和茶：Coffee & Tea

1.新鲜调制咖啡：Brewed Coffee

本周精选咖啡：Coffee of the Week

密思朵咖啡：Caffe Misto

冰调制咖啡：Iced Brewed Coffee

2.泰舒茶：Tazo Tea

抹茶拿铁：Green Tea Latte

英式咖啡：English Breakfast

伯爵红茶：Earl Grey

冰摇泰舒茶：Iced Shaken Tea

冰摇柠檬茶：Iced Shaken Lemon Tea

3.其他饮料：Other Favorite

经典热巧克力（含牛奶）：Signature Hot Chocolate(Contain Dairy)

冰经典巧克力（含牛奶）：Iced Signature Chocolate(Contain Dairy)

牛奶：Milk

豆奶：Soy Milk

气泡矿泉水：Sparkling Mineral Water

矿泉水：Mineral Water

果汁：Juice

瓶装星冰乐：Bottled Frappuccino

Note

附录二　咖啡常用对话

一、接订位

1.Good morning / afternoon / evening. This is coffee shop.(××× speaking). May I help you?

您好，咖啡厅，请问有什么可以帮忙吗？

2.May I have your name, please?/ Under what name is this booking made, please?

请问您贵姓？/请问您以什么名义订位？

3. Would you please spell it for me?/ Spelling, please?

请问您的名字怎样拼写？

4. For how many people, please? / How many people will be in your party, please?

请问多少人？

5.For what time and what date, Mr.Smith?

史密斯先生，请问哪一天和几点钟来用餐呢？

6.Would you like the smoking area or non-smoking area ?

请问您喜欢吸烟区还是非吸烟区？

7.Any more request?

还有什么要求吗？

8.Yes, we will arrange a table by the window for you./ I'm sorry, we can not guarantee that we can offer you a table by the window, because there have been many reservations today.But we'll do our best for you.

好的，我们会为您安排一张靠江边的桌子。/ 对不起，我们不能保证一定可以给您一张靠江边的桌子，因为今天有很多订位，不过我们会尽力为您安排的。

二、客人抵达餐厅，带位

1.Good morning / afternoon / evening.Welcome to coffee shop.

您好，欢迎光临。

2.Have you made a reservation?

请问您订位了吗？

3.Yes, Mr.Smith.We have arranged a table (by the window) for you.

史密斯先生，我们已经为您安排了(靠窗户的)座位。

4.How many people in your party, sir? / A table for how many, sir?

先生，请问几位？

5.Would you mind waiting for a while? The table was occupied, and we're cleaning the table now, but I assure we'll take your seat as soon as it's cleaned.

请稍等一会，那张台的客人刚离开，我们正在收拾，我保证，一旦收拾好，马上让您入座。

6.I'm sorry, sir.Our restaurant is full now.Would you mind waiting for a moment? We'll arrange a table for you as soon as possible.Please have a seat here.

先生，很抱歉，我们餐厅现已满座，请您稍等片刻，一有空台，我们马上为您安排。

7.I'm sorry. Our restaurant is full now. Would you please wait for a moment, or maybe I suggest you another restaurant.It is also very good.

对不起，我们餐厅已经满座，能否请您稍等一下，或者我向您推荐另一个餐厅，那里也很好。

8. This way please.Be careful of the steps.

这边请，请小心台阶。

三、服务

1.Good morning / afternoon / evening, sir / madam.

您好，先生 / 太太。

2.May I put this cover on your coat / bag?

请问可以为您套上衣服 / 袋子吗？

3.Would you like coffee or tea, please?(早餐)

请问您喜欢咖啡还是茶呢？

4.Mr.Smith.Would you like something to drinking before your lunch / dinner? How about... ?

史密斯先生，请问您餐前需要一杯饮料吗？来杯……好吗？

5.By the way.Would you mind paying extra for the drink?

先生，饮料是不包括在自助餐之内的，请问是否介意额外收费呢？

6. For the buffet guests, just plus 20 yuan extra, you can enjoy the fresh juice, drought beer and soft drink buffet.

现在凡是用午、晚自助餐的客人，每位另加20元，可以有鲜榨果汁、生啤、汽水任饮。

7.Our fresh fruit juice are freshly squeezed and without extra sugar in it.

我们的鲜榨果汁是新鲜榨的，不另加糖。

8.I'm sorry.Our ... is not available now.May I suggest you... instead? It is also very nice.

对不起，我们的……卖完了，或者要不要尝一下……？也挺不错的。

9.Here is your ... Mr.Smith。Enjoy your drink.

史密斯先生，这是您点的……请慢用。

10.Good evening! Mr.Smith.May I take your order / Are you ready to order now?

史密斯先生，请问可以为您点菜吗？

四、结账

1.Mr.Smith.Here is your bill.Totally is...yuan, thank you.
先生,这是你的账单××元,谢谢。
2.Thank you so mush.Wait a minute please.I'll be back with your change and receipt.
谢谢,共××元,请稍等,我马上把零钱送来。
3.Here is your change and receipt.Thank you.
这是您的找零和收据,谢谢。
4.Would you like to pay together or separately?
您是想一起结账还是分开结账? / 请问你们是一起结账还是分单呢?
5.Could you please tell me how to separate the check?
您能告诉我们您的账单怎样分吗?
6.You may either pay in cash,with credit card,cheque or charge to your room.
您可以用现金、信用卡、支票方式付款或入房账。

五、送客

1.Thank you for coming.We all look forward to serving you again.Good-bye.
谢谢您的光临,我们期待能再为您服务,再见。
2.Good-bye.Have a nice day.
谢谢,再见。
3.Thank you.Hope to see you again.
谢谢,希望您能再次光临。
4.Please remember to have all your belonging with you.Good-bye.
请带齐您的物品,再见。
5.Thank you for coming.Please come again.
多谢,欢迎下次再来。
6.Thank you.Good-bye, and have a nice trip.
谢谢,再见,祝您旅途愉快。

六、其他

1.According to our hotel's regulations.People in slippers, vests or shorts are not allowed to enter the restaurant.Thank you for your cooperation.

根据我们酒店规定,穿拖鞋、背心、短裤者不可进入餐馆,谢谢合作。

2.I'm sorry, the tables by the river are full now.Would you like to sit here first? I'll change the table for you as soon as there is one by the river available.

对不起,靠江边的桌子都坐满了,或者您先坐在这里好吗? 一旦江边有空位,我就会立刻为您安排。

3.I'm sorry, sir.That table is booked / reserved.Would you like to sit here? You can also enjoy the good view.

对不起,先生,那张台已经有客人预订了,坐这里好吗? 您同样可以欣赏到美丽的

江景。

4.Do you mind sitting in the sunshine?

您是否介意坐在阳光下?

5.The price of our buffet is 228 yuan, plus a fifteen-percent (15%) surcharge per person.

我们自助餐价格是每位228元,另加15%的服务费。

6.The service hour of our restaurant is 6:00 a.m.to 12:00 a.m..

我们餐馆营业时间是从早上6点到凌晨。

7.We'll give a 50 percent discount for children under 1.4 (one point four) meters./ We will give half price for children under 1.4 meters.

1.4 米以下的儿童可获五折优惠。/ 1.4米以下的儿童收费半价。

8.Our manager will sign this child's bill specially for you this time.According to our hotel policy.Half price should be charged to children under 1.4 meters.

这次我们特别给你们一个优惠,经理签免了这小孩的餐费,按规定,1.4米以下的小童用自助餐是要收半价的。

9.I am sorry, sir.According to our hotel's regulation, we don't accept that the guests bring their own drinks.The same kinds of drinks are available in our restaurant.Would you like to try?

对不起,先生,根据我们宾馆的规定,我们不接受客人自带的酒水。我们餐厅有同款的酒水提供,请问您是否需要呢?

10.We have various kinds of cakes.Would you like to try?

我们有各种各样的蛋糕,要试一下吗?

11.Would you like to try our delicious cakes?

要试一下我们的精美蛋糕吗?

12.Excuse me, sir.Here is the No Smoking Area.If you wish to smoke.How about change to anther table .

对不起,先生,这里是禁烟区,如果您确实想抽烟的话,可否让我帮您换张台吗?

附录三　经典咖啡风味轮

Coffee Taster's Flavor Wheel
咖啡风味轮

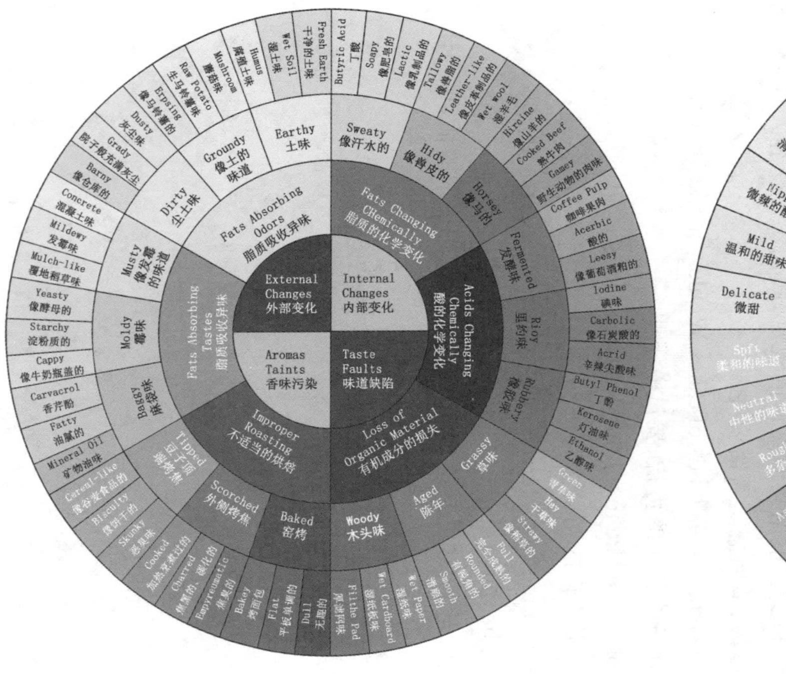

资料来源：SCA 官网

附录四　新版咖啡风味轮

Coffee Taster's Flavor Wheel
咖啡风味轮

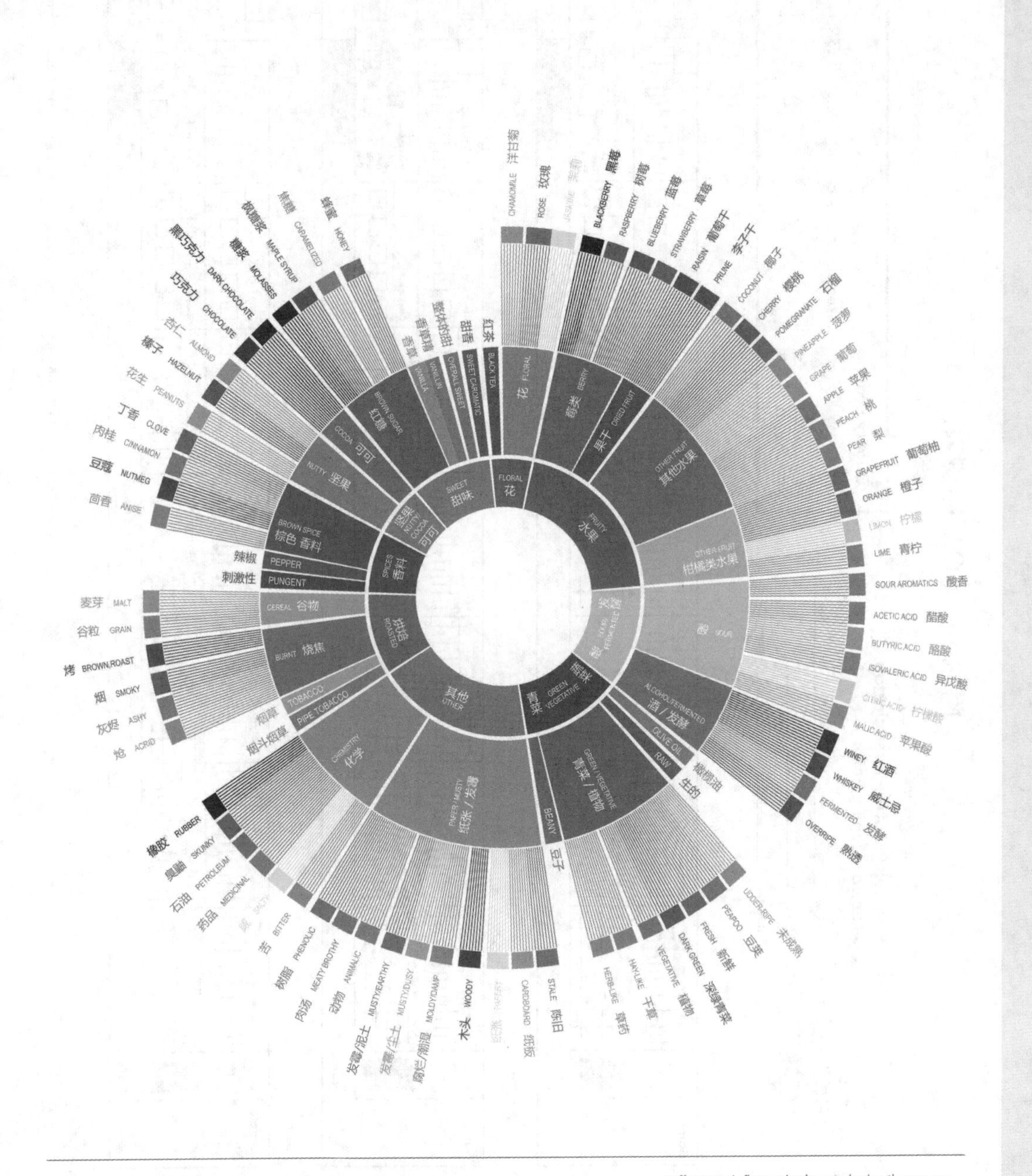

附录五　SCA 杯测表

Specialty Coffee Association
Arabica Cupping Form

Specialty Coffee Association

Name: ____________________

Date: ____________________

Table no: ____________________

Quality Scale			
6.00 - GOOD	7.00 - VERY GOOD	8.00 - EXCELLENT	9.00 - OUTSTANDING
6.25	7.25	8.25	9.25
6.50	7.50	8.50	9.50
6.75	7.75	8.75	9.75

Sample No.	Roast Level of Sample	Fragrance/Aroma 干香/湿香 Score (6 7 8 9 10)	Flavor 风味 Score (6 7 8 9 10)	Acidity 酸质 Score (6 7 8 9 10)	Body 醇厚度 Score (6 7 8 9 10)	Uniformity 一致性 Score □□□□□	Clean Cup 干净度 Score □□□□□	Overall 综合考虑 Score (6 7 8 9 10)	Total Score
		Dry / Qualities / Break	Aftertaste 余韵 Score (6 7 8 9 10)	Intensity 强度 High 高 / Low 低	Level 程度 Heavy 厚 / Thin 薄	Balance 平衡性 Score (6 7 8 9 10)	Sweetness 甜度 Score □□□□□	Defects (subtract) 瑕疵 Taint - 2 Fault - 4 缺陷; 杯数 # of cups □ x 强度 intensity □ =	□
	Notes:							最后得分 Final Score	

Sample No.	Roast Level of Sample	Fragrance/Aroma 干香/湿香 Score (6 7 8 9 10)	Flavor 风味 Score (6 7 8 9 10)	Acidity 酸质 Score (6 7 8 9 10)	Body 醇厚度 Score (6 7 8 9 10)	Uniformity 一致性 Score □□□□□	Clean Cup 干净度 Score □□□□□	Overall 综合考虑 Score (6 7 8 9 10)	Total Score
		Dry / Qualities / Break	Aftertaste 余韵 Score (6 7 8 9 10)	Intensity 强度 High 高 / Low 低	Level 程度 Heavy 厚 / Thin 薄	Balance 平衡性 Score (6 7 8 9 10)	Sweetness 甜度 Score □□□□□	Defects (subtract) 瑕疵 Taint - 2 Fault - 4 缺陷; 杯数 # of cups □ x 强度 intensity □ =	□
	Notes:							最后得分 Final Score	

Sample No.	Roast Level of Sample	Fragrance/Aroma 干香/湿香 Score (6 7 8 9 10)	Flavor 风味 Score (6 7 8 9 10)	Acidity 酸质 Score (6 7 8 9 10)	Body 醇厚度 Score (6 7 8 9 10)	Uniformity 一致性 Score □□□□□	Clean Cup 干净度 Score □□□□□	Overall 综合考虑 Score (6 7 8 9 10)	Total Score
		Dry / Qualities / Break	Aftertaste 余韵 Score (6 7 8 9 10)	Intensity 强度 High 高 / Low 低	Level 程度 Heavy 厚 / Thin 薄	Balance 平衡性 Score (6 7 8 9 10)	Sweetness 甜度 Score □□□□□	Defects (subtract) 瑕疵 Taint - 2 Fault - 4 缺陷; 杯数 # of cups □ x 强度 intensity □ =	□
	Notes:							最后得分 Final Score	

This form is designed and intended to be used in conjunction with the SCA Protocol for Cupping Specialty Coffee.

参考文献

References

[1] 何春好,曾维.一粒咖啡种子的成长 云南咖啡寻求突围走上世界舞台[J].区域治理,2019(15).

[2] 文志华,高玉梅,何红艳,等.咖啡湿法加工对咖啡品质影响探究[J].农村经济与科技,2016(12).

[3] 李学俊,黎丹妮,崔文锐.小粒种咖啡品质的影响因素及咖啡质量控制技术[J].中国热带农业,2016(3).

[4] 任慧媛.质馆咖啡:只做80分以上的咖啡[J].中国连锁,2015(11).

[5] 李娜,张富县,李妙清,等.两种萃取方式与两品种咖啡豆对咖啡萃取液香气的影响[J].食品科技,2015(10).

[6] 黄艳.世界咖啡价格和咖啡制成品的比较分析[J].世界热带农业信息,2014(6).

[7] 叶雷.一部关于咖啡的商业人类学——读《左手咖啡,右手世界》[J].时代金融,2013(28).

[8] 马静,汪才华,冷小京.咖啡研磨工艺对咖啡风味的影响[J].饮料工业,2013,16(9).

[9] 屈宇清.埃塞俄比亚的咖啡渊源及其咖啡仪式的文化内涵探析[J].职业技术,2013(9).

[10] 邓毅富,温倩茵,张亚威.精致生活 从一杯咖啡开始 含在嘴里10秒,让口腔感受咖啡[J].新经济,2012(12).

[11] 李光华.组建农民咖啡专业合作组织,整合咖啡企业,促进普洱市咖啡产业快速健康发展[J].热带农业科技,2012(1).

[12] 陈德新.宾川朱苦拉咖啡早期引种史考——中国咖啡早期引种扩种历史考证系列文章(Ⅱ)[J].热带农业科学,2010(4).

[13] 陈德新.云南景颇弄贤咖啡早期引种史考 中国咖啡早期引种扩种历史考证系列文章(Ⅰ)[J].热带农业科学,2010(3).

[14] 孙娟,熊惠波.世界咖啡产销情况及中国咖啡产业发展分析[J].世界农业,2010(2).

[15] 金鑫.中国咖啡市场现状分析——访中国咖啡及咖啡饮料专业委员会副秘书长钱嘉鹰先生[J].中国食品工业,2009(6).

教学支持说明

为了改善教学效果，提高教材的使用效率，满足高校授课教师的教学需求，本套教材备有与纸质教材配套的教学课件（PPT电子教案）和拓展资源（案例库、习题库视频等）。

为保证本教学课件及相关教学资料仅为教材使用者所得，我们将向使用本套教材的高校授课教师赠送教学课件或者相关教学资料，烦请授课教师通过电话、邮件或加入酒店专家俱乐部QQ群等方式与我们联系，获取“教学课件资源申请表”文档并认真准确填写后发给我们，我们的联系方式如下：

地址：湖北省武汉市东湖新技术开发区华工科技园华工园六路

邮编：430223

电话：027-81321911

传真：027-81321917

E-mail:lyzjjlb@163.com

酒店专家俱乐部QQ群号：710568959

酒店专家俱乐部QQ群二维码：

教学课件资源申请表

填表时间：________年____月____日

1. 以下内容请教师按实际情况写，★为必填项。
2. 根据个人情况如实填写，相关内容可以酌情调整提交。

★姓名		★性别	□男 □女	出生年月		★ 职务	
						★ 职称	□教授 □副教授 □讲师 □助教
★学校				★院/系			
★教研室				★专业			
★办公电话		家庭电话				★移动电话	
★E-mail (请填写清晰)						★QQ 号/微信号	
★联系地址						★邮编	

★现在主授课程情况		学生人数	教材所属出版社	教材满意度
课程一				□满意 □一般 □不满意
课程二				□满意 □一般 □不满意
课程三				□满意 □一般 □不满意
其 他				□满意 □一般 □不满意

教 材 出 版 信 息		
方向一		□准备写 □写作中 □已成稿 □已出版待修订 □有讲义
方向二		□准备写 □写作中 □已成稿 □已出版待修订 □有讲义
方向三		□准备写 □写作中 □已成稿 □已出版待修订 □有讲义

请教师认真填写表格下列内容，提供索取课件配套教材的相关信息，我社根据每位教师填表信息的完整性、授课情况与索取课件的相关性，以及教材使用的情况赠送教材的配套课件及相关教学资源。

ISBN(书号)	书名	作者	索取课件简要说明	学生人数 (如选作教材)
			□教学 □参考	
			□教学 □参考	

★您对与课件配套的纸质教材的意见和建议，希望提供哪些配套教学资源：